亀屋伊織の仕事

相変わりませずの菓子

山田和市

淡交社

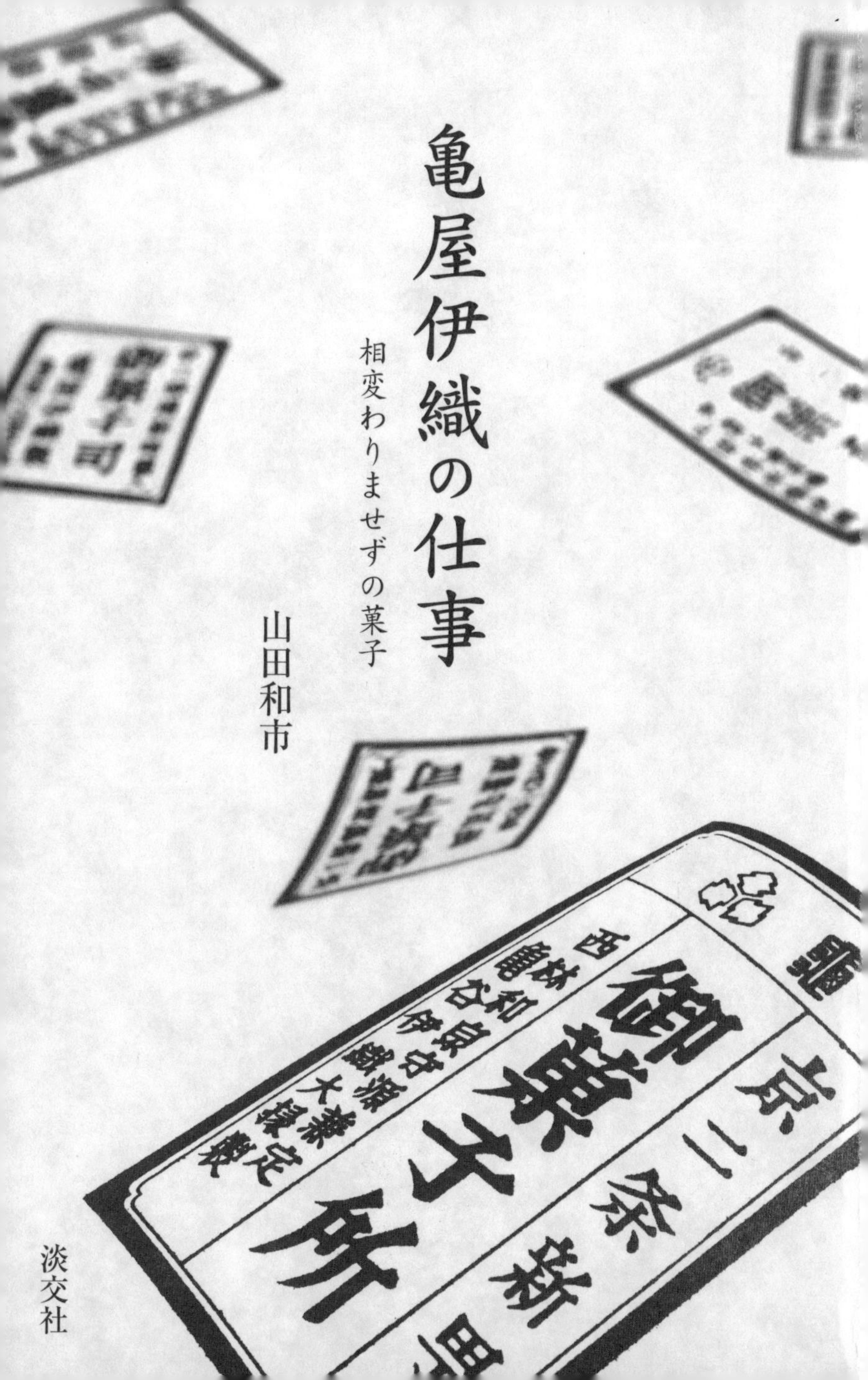

亀屋伊織の仕事

相変わりませずの菓子

山田和市

はじめに

『淡交』誌に以前連載させていただいた「亀屋伊織の仕事」を、このたび一冊の本にまとめて下さることになりました。家族だけで営む小さな菓子屋には似つかわしくない、大仰すぎることと思いながらも、せっかくのお声がけ、栄誉なこととしてお願いすることにいたしました。

和菓子、なかでも私どもが住む京都の菓子は、単に味を云々するものでなく、その色や形、題材に京都の風土を表現し、目で楽しむものだとよく言われます。春の桜、秋の紅葉といったものだけでなく、夏の京都のむせ返るような暑さも、厳しく底冷える冬も、京都の町の四季、習俗、風土のすべてが京菓子の母体であります。私ども伊織の菓子も、その母体とするところは同じですが、四百年近くになる私どもの店の歴史のなかで、干菓子専門、お茶事専用に特化し、少し他とは趣きを異にしています。

本当に何程のこともない、取るに足りない日々の暮らしのなかで、私どもは祖先から受け継ぎ、そしてお茶の宗匠方や数寄者の方々の厳しい眼とお導きを受けながら、育まれてきた干菓子を、一年一年、四季の変化の中で相変わらずに作り続けております。『淡交』誌での一年にわたる連載を通して、私は京都の風土と、そこに生きる生活と、そして私ども伊織の菓子の関係をいろいろに振り返り、勉強させていただきました。

菓子職人のまことに拙《つたな》い文章ですが、御高覧を賜わればうれしく思います。

最後に、初めてこのような本を出版することになり、何もわからない私を支え、お力添え下さいました淡交社の方々をはじめ、たくさんのスタッフの皆さんに深く感謝申し上げます。

平成二十二年　晩秋

長男の誕生を喜びつつ

山田和市

もくじ

はじめに

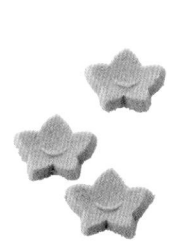

亀屋伊織の仕事
干菓子の種類 ―― 八
折おりの菓子
風炉の季節 ―― 一〇
炉の季節 ―― 一一
慶事の菓子・法事の菓子 ―― 一二

菓子ごよみ
一月 ―― 一四
二月 ―― 二二

三月　三〇
四月　三八
五月　四六
六月　五四
七月　六二
八月　七〇
九月　七八
十月　八六
十一月　九四
十二月　一〇二
亀屋伊織の家に生まれて　聞き手　井上由理子　一一〇

写真／川勝 幸

デザイン／株式会社 グッドマン 佐々木まなび・島田安奈

亀屋伊織の仕事

干菓子の種類

干菓子の種類は、砂糖蜜を煮詰めた有平糖《ありへいとう》、木型に寒梅粉やみじん粉という糯米《もちごめ》の粉を詰め込んで作る押物《おしもの》、洲浜粉と砂糖を練った洲浜《すはま》、味噌餡や梅肉餡をはさんだ煎餅《せんべい》、砂糖を寒梅粉でつないで練った生砂糖《きざとう》などがあります。

有平糖　千代結

洲浜　わらび

煎餅　錦台

押物　菊

生砂糖　水

折おりの菓子

風炉の季節

五月　菖蒲

六月　ホタル

七月　波

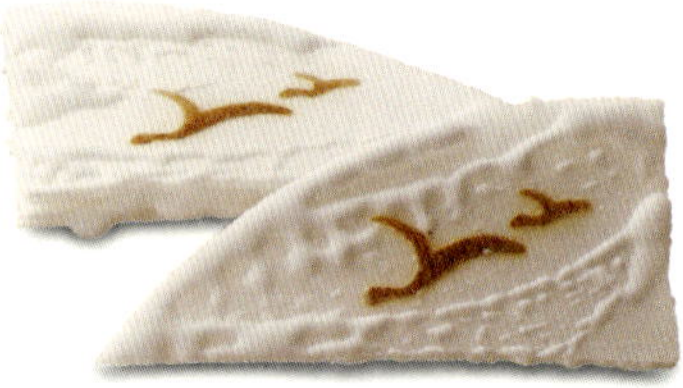

八月　初雁煎餅

九月　豆

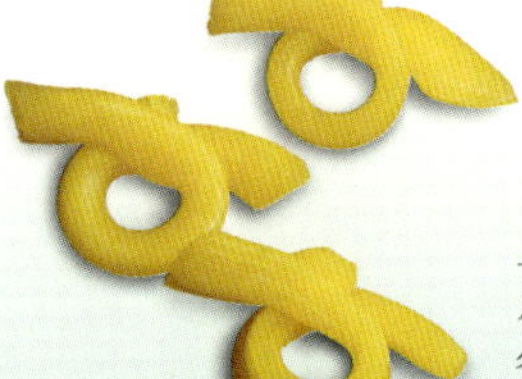

十月　雀

炉の季節

十一月　照葉

十二月　雪輪

一月　若松煎餅

二月　狐面

三月　稚児桜

四月　春霞

慶事の菓子

慶事　寿煎餅　㐂煎餅　扇面

法事の菓子

法事　菩提樹

菓子ごよみ

一月　若松煎餅・千代結

去年《こぞ》今年貫く棒の如きもの　虚子

時間が流れ、一日一日が過ぎていくというのは不思議なものです。目に見えないものですが、私たちは共通に時間というものを消費して生きているといえます。そして消費していった時間には忘却が伴います。

大晦日の夜に、神棚や仏壇、店の間、仕事場などそれぞれの場所に輪飾りを飾り、決められた段を重ねた鏡餅を用意しておきます。そして迎える元旦、それぞれに灯明をあげ、雑煮を供えて、家族皆でお祝をします。

京都の雑煮は白味噌仕立てで、細かく輪切りにした祝大根、丸餅、それと頭芋《かしらいも》が丸ごと入りますのでかなりのボリュームがあります。雑煮と一緒にいただくのが大福茶で、これには小梅と小さく切った昆布が二枚入っていて、三日間かけてこれを食べることになっています。お祝のあとは墓参りに出かけて正月一日の私どもの家の行事は済みます。あとは年賀状の整理など束の間の正月気分を味わって過ごします。

私どもの家はお茶席用の干菓子を専門とする菓子屋で、初釜を控える年末年始の都合一ヶ月余りは一年で最も忙しい時期となります。元日の一日だけはその間の唯一の休みの日であり、体を休め、二日から始まる仕事の覚悟をまた新たにする日でもあります。時代によって事情はさまざまであったでしょうが、私どもの家では毎年毎年こうして一年をつないでいます。冒頭に掲げた高浜虚子の句〈去年今年貫く棒の如きもの〉ですが、大晦日から元日を経て二日の仕事始めに至るこの時期に確かに棒のような、真っすぐしっかりした何かが見えるような気がします。日常気がつきませんが、おそらく私どもの家が始まって今日に至るまでずっとこの棒は、私どもの生活、仕事を貫いてきているのではないでしょうか。そしてそれがこの忙しい時期の僅かな小休止にその姿をはっきり意識させるのだろうと思います。

さて、お正月初釜のお菓子といえば、

煎餅—若松・梅・干支

押物—唐松・梅・干支

有平糖—千代結・のし結・笹結・松葉

以上のようなものが定番のお菓子となっています。これらを二種、三種と組み合わせてお使いいただくことになります。

私どもの店は、表千家、裏千家、武者小路千家のいわゆる三千家のお家元より初釜のご注文をいただいております。各お家元とも、初釜は京都で催された後、東京へお

亀屋伊織の店構え
「伊織」の名は御所百官名のひとつで、徳川家光公より与えられたとされる

一月のお菓子　子歳に寄せて

小槌の意匠は、鼠が大黒様の
お使いであることに拠る

干支の押物（左・鼠と小槌、右・俵）
装飾性を切り詰めた
「ざんぐり」とした風合いは
変わることがない

子歳に因む焼印が押された
煎餅各種と有平糖の笹結、千代結

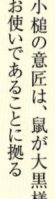

席を移されますが、東京のお席の分も同じようにご注文いただきますので、例えば裏千家様だけでも都合何千人分という数になり、他のお家元、先生方の分を合計すると、一体どれほどの数になるでしょうか。年末年始はこうした注文の集中する時期であり、私どもの店では、父と私を中心に家族四人だけでこれらの注文にお応えしております。毎日、朝起きて夜寝るまで煎餅に餡をはさみ、押物を押して、有平糖の鍋を何杯もたきつづけます。時間に余裕は全くありません。

朝はお菓子の配達に出ます。裏千家様の場合ですと、一週間京都で催される初釜の、その日その日の分を毎朝お届けしております。この時期は懐石料理の辻留さんなど色々な出入りの業者の方々が大勢忙しく動かれていて、普段とはまたちがった大変な活気のなか、何か少し私まで晴れがましいような思いでお届けしております。

お正月のお祝は、三箇日《さんがにち》を過ごした後、四日には鏡開きをして、その割ったお餅を焼き、すまし仕立てのお雑煮にしていただきます。そして七日は七草粥、十五日には小豆粥でお祝をします。どんなに忙しくてもこれらのお祝ごとを欠かすようなことはございません。こうして慌しく十五日間の松の内を過ごして、ようやくお家元の御用にも目処がついてまいります。まだもう少し忙しい期間は残しておりますが、ホッと一息つく余裕が出てまいります。

私どもの家では毎年こうしたことの繰り返し、季節が移ろい変わっていってもその季節季節の生活の繰り返しです。ついでに申し上げればお菓子も毎年毎年、毎度毎度、その季節に応じたお菓子の繰り返しで全く代り映えのしない「相変わらず」のお菓子を作り、お使いいただいております。しかし、今年もまたこの伊織の「相変わらず」なお菓子で新しい年を迎えられた、そういう思いでお使いいただけるならば大変嬉しく思います。

私どもの店の創業についてははっきりしたことはわかりませんが、口伝えでは約四百年、現当主である父が十七代目ということになっております。そしてこの四百年の歴史のほとんどの記憶を私ども現在のこの家を預かる者は失っております。

二月　狐面・ねじ棒

私の祖父(十六代)が亡くなって三十年近くなりますが、未だにときどき、「あんたのおじいさんに子供の頃、よう有平糖の屑をもろうた」と声をかけて下さる方がいらっしゃいます。

私の祖父は二十代の頃に両親をともに亡くしており、姉弟も家を出てひとりでこの家を守っておりました。寂しかったのだろうと思いますが、子供が好きで、よく家に子供を呼んで遊ばせていたといいます。戦前の、だんだんと物がなくなっていく時代、当時の子供たちにとって、甘いおやつをもらった記憶はいつまでも忘れ難《がた》い思い出なのでしょう。近所のご年配の方のお話を聞きますと、その当時はお菓子の屑といえど、もらってその場で食べたら叱られたそうです。必ず一度家に帰って親に見せ、「それならちゃんとお礼を言っていただきなさい」と許しを得てから食べたものだと語っておられます。私などの世代とは隔世の感がありますが、そういう躾けが地域ぐるみで行われていたことは、私たちも知っておくべきだろうという思いがいたします。

私は小学生のときに祖父を亡くしておりますので、祖父の記憶はそう多くはないのですが、いつも仕事場のすぐ隣の居間に座って、テレビを見たり、ちょっとした仕事の雑用をしたり、口数少なく淡々と日々を送る姿が印象に残っております。私がせがむと絵を描いてくれるのですが、その絵が子供の私にはたいへん上手に見え、感心していたことも覚えています。

ところで、二月のお菓子といえば、

煎餅—梅・ウグイス・鈴・狐面

押物—梅（ねじ梅、平梅、光琳梅など）・鈴・お多福

有平糖—笹の葉・鈴の緒・ねじ棒

以上がだいたい定番となります。

梅は初釜でもお使いいただいておりますが、二月はウグイス煎餅や笹の葉と取り合わせて。また、梅はバリエーションが多く、煎餅・押物それぞれ合わせて六、七種類ぐらいできますので、趣向や菓子器の都合など相談させていただいております。

二月はまた、節分や初午《はつうま》など行事に因むお菓子もございます。節分には「おたやん」などとも言いますが、お多福の押物。これは、普通私どもの店では押物は、みじん粉というお米の粉で押すのですが、お多福に限っては洲浜粉という豆の粉で押すことにしています。みじん粉で押す方がつるんときれいなお顔に仕上がるのですが、やはり節分ですので豆の粉で押すことにしています。但し、洲浜粉は目が粗いので、おたやんには気の毒ですが、お顔には少々シミやアバタができてしまいます。

梅煎餅

1. 種煎餅を包丁で同じ厚みでそぎ切る

2. 切り取った1枚の中央に適量の味噌餡をのせる

3. 親指を使って梅花形に1弁ずつ均等にのばす

4. 形をととのえる

5. もう1枚を上からのせる

二月のお菓子

梅の煎餅と押物
左下の煎餅は
餡で梅をかたどったもの

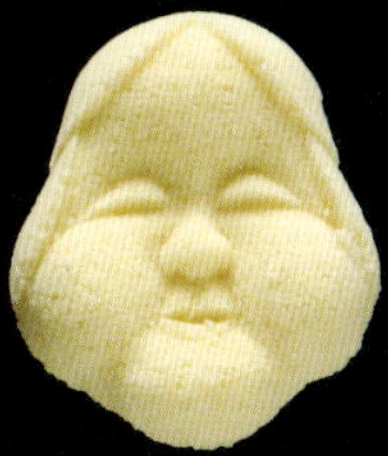

お多福の押物

「兎」の押物は、樂家の釘隠しを
写したものとされる

初午というのはご存知の通り、稲荷社のお祭りで、二月最初の午の日に京都伏見の稲荷山に神が降りたとされることからこの日を縁日とするそうです。稲荷神は本来、農耕神でありますが、転じて商売繁盛、出世開運の神として全国各地、今日ではビルの屋上などにもお祭りされ信仰されております。

京都伏見の総本社では、稲荷山の神杉を「験《しるし》の杉」として参詣者に授けて下さいます。私も何度かお参りに行っておりますが、たくさんの参詣者で賑やかなのに加え、本殿前の舞台には全国から届けられた酒樽や米俵、タイ、マグロ、伊勢エビといった魚介類などが見事にならべられ、大変熱烈な信仰を集めていることが窺えます。

お茶会においても初午の趣向でされる方は多く、私どもの店では「狐面」と「ねじ棒」の取り合わせをお使いいただいております。

狐面は、種煎餅を四角く切って、湯気にあててふやけさせ、くるっと円錐《えんすい》に巻いて形を作ります。そこに火箸で眼を入れて、上から砂糖蜜をかけております。ねじ棒は、「ねじり棒」ともいいますが、ねじのように捩《ね》じた紅白の有平糖です。

狐面のように煎餅を立体的に造形するお菓子は他にあまりなく、遊び心もあって、よくご注文をいただくのですが、これを考案したのが私の祖父です。先に申しましたが、祖父は早くに両親を亡くし、よく子供達を家に呼んで遊ばせておりました。ある初午のお祭りの日、子供たちが、あのような狐の面をかぶって遊んでいたといいます。ところでなぜ狐面にねじ棒かと質問されることがございます。これもやはり子供が持って遊んでいた玩具だということになっておりますが、私の考えではもっと純粋に取り合わせの上でのことと思います。おそらくねじ棒という造形自体は古くからあって、狐面と何を取り合わせるかを考えてのことだったのではないでしょうか。ですから、ねじ棒は、理屈や具体的な何かではなく、やんちゃな子供のチャンバラ姿や、神社の鈴の緒など自由にお客様の想像を膨らませていただけたらいいものと考えております。

私の祖父の若い頃は、私ども菓子屋にとってあまりいい時代ではありませんでしたが、多くの方々に支えられてこの家業を父につなげました。お家元をはじめ、千家十職の皆さん、近所の子供たちにまで。十職のなかでも特に樂さんには気をかけていただいたようで、謡《うたい》を教えてもらったり、松茸狩りに連れていってもらったりしていたそうです。また、現在もときどき使っております「兎」の押物は、樂家の釘隠しを写したものと聞いております。

「あんたとこのお店は古いんやから、やめたらあかんで」

現在、京町家の代表として有名な杉本家住宅、もとは「奈良屋」という呉服商をされていたお家ですが、その杉本さんに祖父は度々「やめたらあかん」と言われたそうです。

有難いことに、こうして私どもの店は今日につながっているのです。

三月　わらび・稚児桜

三月のお菓子はお雛さんに因む取り合わせが多くなります。

煎餅―雛・蝶・菜花《さいか》の月

押物―貝づくし・蝶

洲浜―わらび

有平糖―稚児桜《ちござくら》・柳結・わらび・蝶

煎餅は立雛や蝶の焼印の味噌煎餅、または黄色い無地の麸焼《ふやき》煎餅に砂糖蜜をはさんだ「菜花の月」というのがございます。

有平糖の「稚児桜」は洲浜の「わらび」と取り合わせてお使いいただきます。三月に桜といいますと少々早いように思われますが、かわいらしい稚児の姿のイメージからお雛さんの取り合わせとして、また桜の咲き初めを待ちわびる気持ちから三月全般の季節の取り合わせとしております。

押物では「貝づくし」が楽しいお菓子です。私どもの店にはこの木型が二本あり、それぞれ六種類のちがった形の貝が彫ってあります。一種だけこの両方の木型に共通に入っている貝がありますので、全部で十一種類のちがった貝の姿をお楽しみいただくことになります。

ところでこの両方の木型に共通して入っている貝というのは蛤《はまぐり》なのですが、これには貝の上に「雀」の字が浮彫りされております。これは中国の七十二候という季節区分の中の「雀入大水為蛤（雀大水《うみ》に入りて蛤と為る）」から来ています。秋になると雀が海に入って蛤になると昔の中国では信じられていたそうで、つまりは蛤というのはもともと雀なのだと洒落ているわけです。

ご承知の通り、今日のお茶会において干菓子といいますのは薄茶に供されるお菓子としてお使いになります。お茶会には「主菓子」と「干菓子」二種類のお菓子が使われますが、このように使い分けがされるようになるのは元禄時代頃からであろうと筒井紘一先生は述べておられます（『茶道学大系　懐石と菓子』淡交社刊）。

お茶会のメインは濃茶です。この一碗のお茶をふるまうためにお客様を招き、おもてなしをするのですから、亭主は慎重にお点前をいたします。客の方もまた、この一碗をいただくために呼ばれて来ているのですから、亭主の一挙一動を見守り、お茶の練りあがるのを待ちます。主客とも大変な緊張のなかでいただくのが濃茶です。

一方、薄茶は、濃茶をいただいた後に「どうぞお楽に」という気分でふるまわれます。薄茶席では煙草盆が用意され、時季によっては座布団をすすめられます。そうし

亀屋伊織の仕事――三月

祝
詩らびは
雛雪どけ
消ゆるまで
野風呂

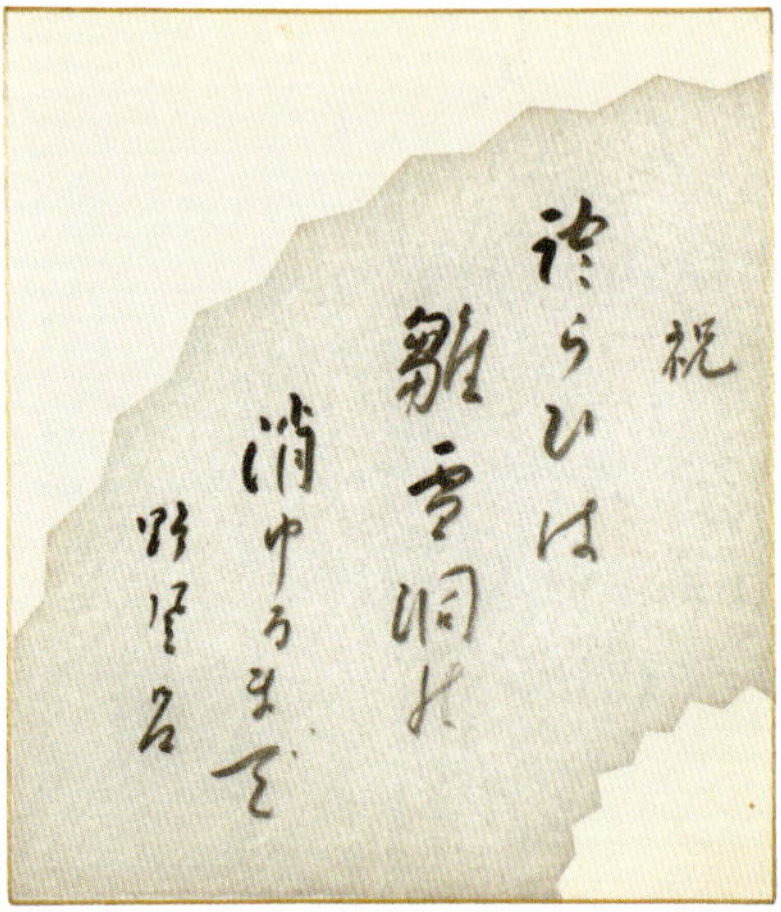

鈴鹿野風呂筆　色紙

三月のお菓子

菜花の月
わらび（有平糖）

貝づくし（押物）
貝合せに因み、雛祭の趣向で用いられることが多い

てここで干菓子を盛った器が運ばれてまいります。薄茶の場合、二服三服おすすめする意味から、干菓子は二種三種取り合わせて、少し多いめに盛るといいます。

このように気楽な雰囲気に供されるお菓子ですので、あまり肩肘張ったようなものよりは、ホンワカとやわらかく、作りすぎず、遊びのあるお菓子、父は「ざんぐり」といった言い方をよくしますが、そういうお菓子の方が相応しいように思われます。「雀」の字の入った蛤の押物も、薄茶の席にひとつの話題を提供しようという意図の遊びかもしれません。

「貝づくし」は貝合せのイメージから、これもまたお雛さんに因むお菓子としてお使いいただくのですが、私自身のことを申せば弟と男二人の兄弟で、五月の節句は子供の頃よくしてもらったのですが、お雛さんとなると実はこれまで、あまり気分的に馴染まない行事でした。

ところが結婚して、妻がこの時期になると箪笥の上に小さな雛人形を飾りだしました。そしてまた、長女の誕生で、妻の実家から雛飾りが到来し、そうなると人を呼んでお弁当を食べたり、百人一首をして遊んだりなどといった具合に、急にここ数年私自身も雛祭気分を楽しませてもらうようになりました。

語らひは雛雪洞の消ゆるまで　野風呂

この句の作者、鈴鹿野風呂《すずかのぶろ》(一八八七—一九七一)は、高浜虚子に師事し、日野草城らと共に京大三高俳句会を結成、今日京都を代表する俳誌「京鹿子《きょうかのこ》」を創刊、長く主宰を務めた俳人です。その鈴鹿野風呂は私の祖父の従兄弟《いとこ》にあたります。

そうしたご縁で私どもの家には野風呂の色紙や短冊が数点あり、ときどき店の床に飾らせてもらっております。〈語らひは雛雪洞の消ゆるまで〉の句もそのなかのひとつです。

「一期一会」と申しますが、お茶会での語らいも、お雛さんの語らいも、その時、その場限りの楽しみと思えば、本当に大切にしたい時間というのはこういう時間のことのように思われます。

私どもの作るお菓子は、そういった場に自然と溶けこみ、邪魔にならないお菓子でありたいと思っております。きばって作ったお菓子はどうしても主張をしてしまいます。

「作りすぎないように」

家族お互いにそう声をかけ合って私どもは仕事をしております。

四月　春霞・蝶

以前、平凡社の『国民百科事典』で「有平糖」を引くと、「京都の亀屋伊織が有名」との記述があり、子供の頃にそれを見て、「こんなふうに載っているなんてすごいなあ」と思ったことがありました。しかし今現在、有平糖の現場に立って思うのは、亀屋伊織にとって有平糖は有名かもわからないが、とても得意になって作っているわけではない、本当にこれは難物だということです。

千代結、松葉、笹、雀、いわゆる型物ではありませんので、すべて自分の指先の感覚で作ります。やわらかい状態の有平糖を指先で形にしていくのは、最初はやはりなかなか難しいものです。何度も失敗をしながら経験を積むことで有平糖の扱いに慣れていきます。(四二ページ参照)

いろいろ有平糖の種類があるなかで、先ずは千代結が目標になるでしょうか。手際よく両親が千代結を作っていく隅で、初心のころの私は苦心してやっと一つを作り、しかも形の不細工なものはどんどん父にはねられておりました。

千代結の次には松葉が目標になります。やわらかい有平糖でどうして松葉らしい鋭角な線をだすか、しかし鋭角が強すぎるとお菓子の品を落としますので、どの程度に加減をするか、これもまた、たくさんの経験を積むことで覚えていきます。

有平糖は冷えて固まってしまうまでに作業を終えなければなりませんので、家族四人全員でひとつの机を囲んで作ります。四人それぞれに癖があり、個性ある有平糖が出来上がります。あとで見て、これは父が作ったもの、これは母のとわかるぐらいですが、作為の見えるような仕上がりは認められません。私どものお菓子すべてにおいて「作りすぎてはいけない」ということは徹底しており、必要最低限の手しか加えません。線や輪郭を補正すればするほど自然さを失ってゆくということは、私どもの店が歴史のなかで学んできた一番大切なことと考えております。

　ところでこうして作った有平糖は、何日か経過することでいろいろと変化してまいります。一番いい状態の変化は、サラリとした肌合いで、口のなかに含むとホロリと崩れてなくなる、いわゆる「もどった」状態になっていくことです。「もどった」とは飴が砂糖にもどる現象で、口どけがいいので好まれるお客様は多いのですが、そのかわりにはじめの透明感ある鮮やかな色は褪《あ》せて、白ばんだような、くすんだ色合いになります。どの程度にもどった状態がいいのか、お客様の好みもいろいろで一概には難しいところですが、肌合いがサラリとしたものであれば有平糖としては商品になります。逆にベタベタとひっつくようなものは、日が経ってもどったものでも商品にはなりません。菓子器をいためる心配があるからです。

　有平糖がどのように変化するのか、また何日経過すればほどよくもどってくれる

有平糖・千代結

1.煮詰めた飴を金盥にあける

2.ムラなく冷やしていく

3.引っ張って空気を加え、白くする

4.色を付けた飴を合わせて伸ばす

5.適度な細さに伸ばした飴を切る

6.指先の感覚を頼りに形作る

砂糖に水をはって火にかけ、小一時間ほどたくと飴になります。これを水の上に浮かべた金盥にあけて、手で扱える状態まで冷まします。そのあと赤や黄などの色をつけたり、引っぱって空気を含ませることで白くしたりし、それから伸ばして切り、形を作ります。

四月のお菓子

富貴春（押物）

柳結（有平糖）

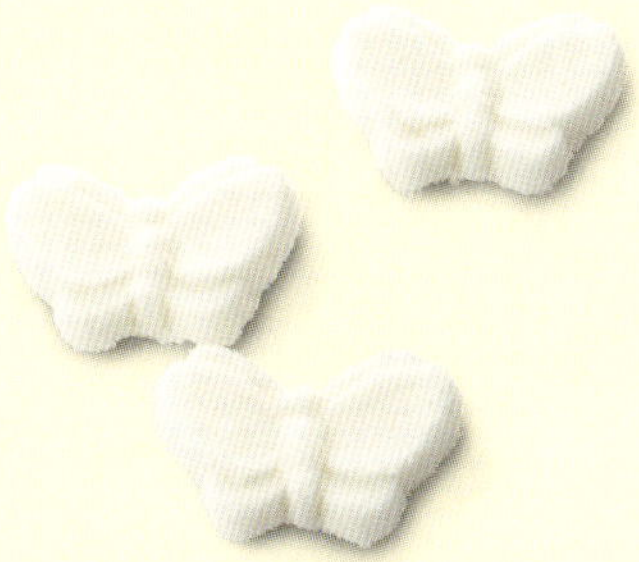

蝶（押物）

桜（押物）

のか、実のところ私どもにも大まかな予測しか立ちません。有平糖は、そのときの火の入り方、気候、その他さまざまな条件に左右されて、いろいろ現在でも最良のものを作る工夫を考えてはいるものの、ちょっと人知をこえたものがあるように思われてなりません。私どもの店は注文生産ですが、有平糖についてはたくさん作ってたくさんいいものを確保できるよう努めなければなりません。そのためにも早いめの注文をお客様にはお願いしております。

さて、四月のお菓子には、

煎餅――春霞（花霞）・桜・蝶

押物――蝶・桜・花兎・富貴春

有平糖――蝶・柳結・松の翠・卯の花結

以上のようなものがございます。

有平糖の「柳結」というのは、緑の紐状のものをくるりと輪に結んだだけの単純な造形ですが、なかにゴマを入れて柳の芽ぶきを表現しております。一月から作っておりますが、四月には桜の煎餅や押物と取り合わせる方法がございます。

見渡せば柳桜をこきまぜて
　都ぞ春の錦なりける　素性法師

『古今集』にある歌の趣向です。

ところで私どもでは「ありへいとう」という言い方をしておりますが、事典類には「あるへいとう」と載ることが多いようです。有平糖の語源はポルトガル語のAlféloa（アルフェロア）と言われていますので、「あるへいとう」と言った方が本当は原語に近い言い方なのかもしれません。

大航海時代、ユーラシア大陸の西端、ポルトガルのリスボンを出港した船はアフリカ大陸を周回し、当時「ジパング」と呼ばれた日本へたどり着きます。そして、この対極に位置する国同士が互いの文化を交流させ、日本に南蛮文化を将来いたしました。有平糖もまたそうした文化のひとつ、私にとってもまた父にとっても、有平糖の生れ故郷ポルトガルは一度行ってみたい国です。有平糖はどんな空気のなかで作られたのか、私どもが仕事をしている京都との違いを肌身に感じてみたい。そう思いながら忙しく、機会なく過ごしている次第です。

五月　菖蒲・水

シャッシャッという音につづいてコンコン。そしてまた、シャッシャッという音につづいてコンコンと。子供の頃からいつも耳にしてきた仕事場の音です。

押物は、まず砂糖に寒梅粉やみじん粉といった糯米の粉を加えて生地を作り、これを型に詰めて、上から「馬の脚《うまのあし》」と私どもで呼ぶ道具でシャッシャッとこすりつけます。こうして生地を型の隅々までしっかり詰め込んでおいてからコンコンと叩くと生地が型から抜け落ちます。押物を押す作業は、ただただこれの繰り返しです。しかし、この単調なリズムの繰り返しがいつしか体に染みこんで、私どもの菓子作りの基本となっているように思います。（五〇ページ参照）

どういうお仕事の方であったのか、あまりよく覚えておりませんが、ある雑誌のインタビュー記事のなかで、「いい仕事場にはいいリズムがある」というお話がありました。確かに私ども職人の仕事は、リズムが全てといって過言ではないように思います。うまくリズムにのれているときの仕事は、忙しくても心地よく感じることすらありますが、逆に雑然とリズムが狂うと、仕事そのものが捗《はかど》りませんし、いいものもできないように思います。

実際、押物の場合、先に申しましたように単純な手順の繰り返しですが、その手際に無駄が多く、リズムが狂ってまいりますと、生地がふくれてきて作業そのものがそれ以上に続けられなくなります。ということは、慣れないうちは時間をかけて作ればいいというわけにはいきませんので、やはり押物を押すリズムが体に染みついていなければできない仕事ということになります。これは、有平糖や煎餅などにも同じようなことがいえます。

ところで、このようにして押した押物は、すぐにはやわらかく、触れると崩れてしまいますので、一晩そっと寝かせておきます。そうして充分に固まってから「縁取り《えんと》」という作業をいたします。押したときにどうしてもできる型からはみ出した部分、これを一個ずつ指で落としてゆく作業です。縁取りをしなくてもよいように工夫した型もありますが、仕上がりに違いが出てまいります。決してきれいに仕上がるわけではありませんが、この縁取りという作業によって押物に伊織らしい趣きが出てくるように思います。（五〇ページ参照）

よく、「押物の型は何種類ぐらいありますか」と尋ねられることがございます。数えたことがなく、いつも正確にお答えすることはできないのですが、二百種類を下ることはないと思います。しかし実際には、そのうちの半分ぐらいは使っておりません。お客様や、私ども家の者の考え、それはお茶席での使い勝手や取り合わせの問題と絡んで使いにくいものは淘汰《とうた》され、本当に相応《ふさわ》しい型が決ってきているということだ

押物・菖蒲

1. 砂糖と糯米の粉をよく混ぜる

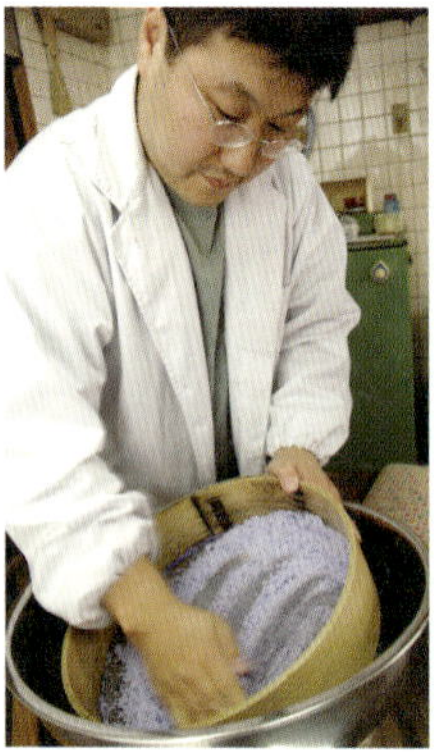
2. 生地をふるいにかけ、裏ごしする

3. 木型に生地を詰め、馬の脚で強くこする

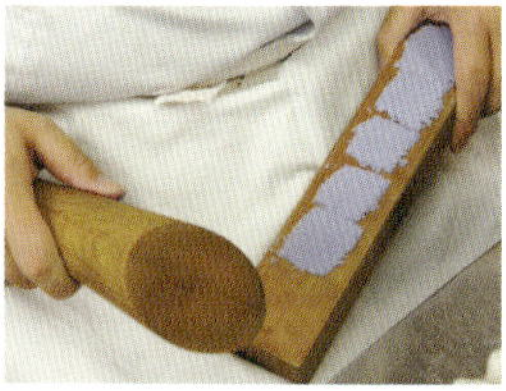
4. 軽く叩き、木型から生地を浮かせる

5. 紙の上で手早く裏返す

6. 一晩寝かせておく

縁取り

充分に固まってから縁取りをする

亀屋伊織で使用されている木型
茶席に相応しい押物を成形する

五月のお菓子

時鳥煎餅

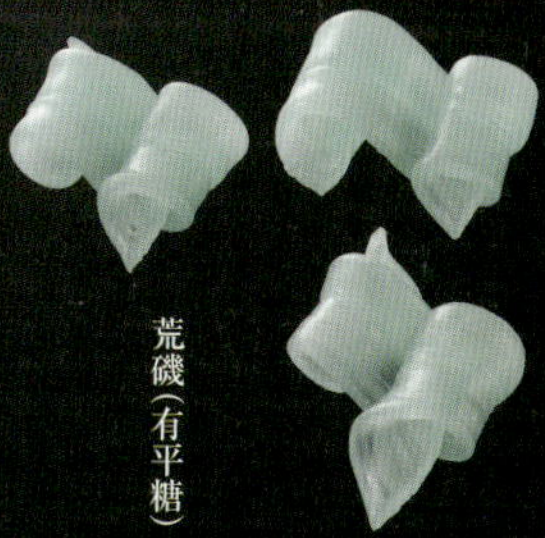

荒磯（有平糖）

木村英輝氏の下絵をもとにした燕の押物

店の入口の電球に描かれた、愛らしい亀は木村氏の筆になる

と思います。型は一本作ればほとんど一生もので、何世代にもわたって使われる型もございますが、使用頻度の多いものはどうしても磨滅《まめつ》いたしますので、古い型を写して新しい型に引き継いでまいります。

それにしても押物ひとつとりましても、私どもの仕事は型を彫る職人さんや、寒梅粉やみじん粉など材料を作る方々、その他多勢の方たちに負うて成り立っているといえます。最近、こうした方々も少しずつ減ってきているように聞くことがございます。つくづく菓子文化は、私ども菓子屋だけのものではないと考えさせられます。

さて、五月のお菓子といいますと、

煎餅―菖蒲《しょうぶ》・轡《くつわ》・時鳥《ほととぎす》・青楓・水

押物―菖蒲・轡・撫子《なでしこ》・燕

有平糖―水・荒磯・手綱《たづな》・葵

以上のようになります。

お節句に因み、「轡」と「手綱」、「菖蒲」と「水」の取り合わせ。また、「時鳥煎餅」には「水」や「荒磯」がよく合います。

押物の「燕」は私どもで作った一番新しい型になるでしょうか。ただ今は絵描きをしております私の義父、木村英輝の下絵をもとにしております。

また、五月は京都三大祭のひとつ、葵祭が催されます。平安時代の装束そのままに、斎王代《さいおうだい》が御所を出発して、下鴨、上賀茂の両社に向かいます。その供奉《ぐぶ》の人々の冠帽《かんぼう》に二葉葵《ふたばあおい》が飾られ、この祭の名の由来となっております。私どもでも有平糖で「葵」を作り、主に「辔」と取り合わせをいたします。

葵というのは、日を仰ぐという意味の「向日(アフヒ)」の転じたものといわれているそうですが、鈴鹿野風呂の句にも、

嵐峡若葉皆日表に吹かれ立つ　野風呂

というのがございました。

いよいよ日差しは眩《まぶ》しいほどの夏の明るさとなり、緑の美しい季節です。お茶席では炉がしまわれて、風炉が設えられるころでしょうか。私どものお菓子も、五月はひとつの節目となります。有平糖や味噌煎餅といった、暑い時期には不向きなお菓子はひとまず今月限りとさせていただいております。

六月　ホタル・水

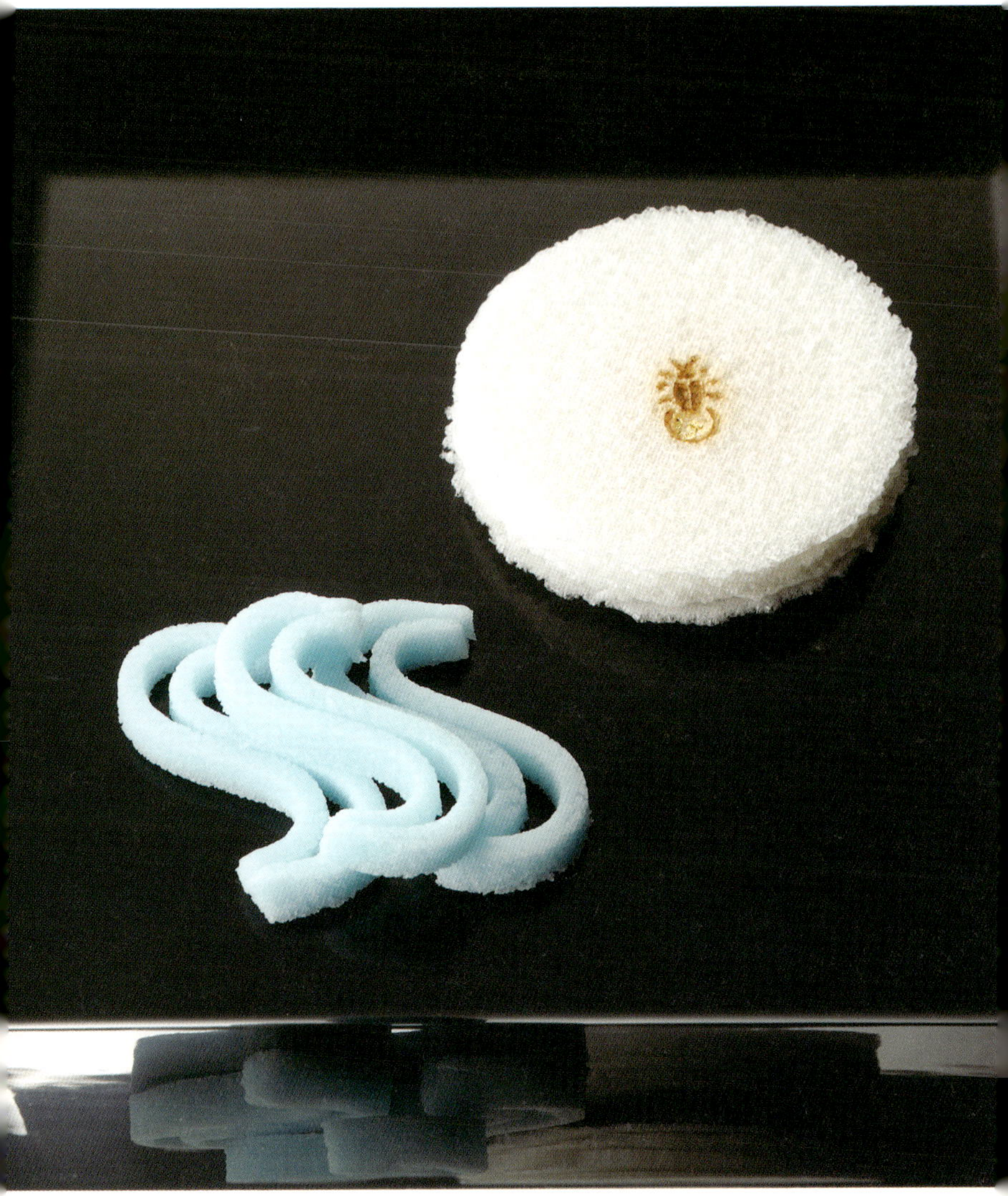

鬱陶《うっとう》しい梅雨が今年もやってまいります。私どもの作る菓子は「干菓子」というぐらいですので、ほどほどに乾いていなければならないものですが、この時期はいつまでもお菓子がジケジケと乾きにくく、大変仕事のしにくい時期でございます。

梅雨入り前の五月のうちに有平糖と味噌煎餅は作るのをやめており、その後は有平糖の替わりに生砂糖《きざとう》を、そして煎餅には味噌餡の替わりに梅肉餡をはさみます。

煎餅―ホタル・芦・滝
押物―撫子《なでしこ》・楓・桔梗《ききょう》・面高《おもだか》
生砂糖―水

以上が六月のお菓子ということになりますが、「ホタル」の煎餅の他はいずれも六月に限ったものでなく、夏の期間通してのものでございます。

ところで餡をはさむ前の煎餅、いわゆる種《たね》煎餅ですが、これも私どもで作っているように思われている方がいらっしゃるかもしれませんが、これは違います。中にはさむ餡や蜜は作っていますが、煎餅そのものは昔から分業になっており、種煎餅屋さんから仕入れたものを使っております。

種煎餅には米粉《こめこ》を焼いた薄手のものの他に、「春霞」などのように厚手の麩焼《ふやき》煎餅がございます。いずれの煎餅の場合でも、私どもでは包丁で二枚に剝《へ》いで、剝いだ内側のザラザラとした面を表側にして餡や砂糖蜜をはさんでゆきます。ザラザラとした面を表側にするのは、お盆に盛るときにお煎餅が滑って崩れないようにするためと、もうひとつはザラザラした面の方が見た感じがやさしく、やわらかい印象を与えるということがあると思います。（五八ページ参照）

煎餅に餡をはさみますと、通常は焼印を押して出来上がりとなりますが、「ホタル」の場合はその焼印のお尻の部分にほんの少し金箔をのせてゆきます。これは昔からしていたわけではなく、父が思いついたことで、手間ではありますが、これによってホタルが不思議といきいきとして見えてくるようです。

「滝」は、大丸《おおまる》と呼ぶ大きいサイズの種煎餅から切り出した短冊型の煎餅を使い、これに砂糖蜜を刷《は》くことで流れる滝を表現いたします。「滝」と押物の「楓」の取り合わせは八月上旬ごろまで作りますが、涼味のある、私どもの代表的な夏の取り合わせでございます。

さて、六月になりますと多くの家で設えを夏らしく改めます。マンションや新しいお家でもカーテンをレース生地のものに替えるなどされるのではと思いますが、古い町家では部屋の襖や障子を葭戸《よしど》に替えたり、簾《すだれ》を吊るすなどして模様替えをいたします。私どもの店先も夏座布団を出してきたり、衝立《ついたて》を襖から葭に替えるなど設え

煎餅

1. 包丁で種煎餅を2枚に剝ぐ

2. 適量の餡をのせる

3. 餡を煎餅にはさみ込む

4. もう1枚を上からのせる

5. 熱した焼印を次々に押していく

6. ほんのりと焦げる匂いが香ばしい

焼印の数々

六月のお菓子

滝（煎餅）と楓（押物）
渓谷を連想させる取り合わせが、
茶席に涼を呼び込む

撫子（押物）

桔梗（押物）

を改めております。ただその時期は、理由があって普通の家より少し早く、五月十八日と決っています。

私どもの店の現住所は、「二《に》条通《じょうどおり》新町《しんまち》東《ひがし》入《い》ル」ですが、およそ百年前までの住所は「新町通二条上《あが》ル」でした。二条通りと新町通りの交差点、これを東に行けば現在の私どもの店がございます。この交差点を「上ル」、つまり北へ行ったところにもともとの私どもの店がありました。この間は歩いても一、二分のごく近い距離でございますが、実は二条通りを境に北は下《しも》御《ご》霊《りょう》神社、南は八坂《やさか》神社（祇園社）の氏子《うじこ》地域になります。いま私どもは、祇園祭で有名な八坂神社の氏子ですが、もとは下御霊神社の氏子でありました。下御霊神社のお祭りは、数年前より五月の第四日曜日というふうに変わっておりますが、本来は毎年五月十八日で、家の前をお神輿《みこし》さんの通るこの日にあわせて夏の設えに改めることにしていたようです。私どもでは住所が変わった現在もこの習慣を引き継ぎ、お祭りの当日は祭提灯を提《さ》げております。

「新町二条上ル」に私どもの店が創業したころのことについては残念ながら何の記録も残っておりません。ただ、口伝えでは徳川三代将軍家光《いえみつ》公に「木《こ》の葉《は》」というお菓子を献上いたしましたところ大変喜ばれ、御所百官名のなかの「伊織」という名を賜ったということでございます。この「木の葉」というお菓子についても、煎餅であったことは確かなようですが、現在ではどのようなお菓子であったのかよくわかりません。お菓子はいつもその場限りのもので、後まで残りません。せめて見本帳のようなものでも残っていればよかったのですが、それもない以上は永遠に失われたお菓子ということになってしまいました。祖父や父が想像で「木の葉」を作ったこともありましたが、想像はどこまでも想像でしかありません。本音を申せば、私どものお菓子の原点ですのでどのような事情があれ伝えてほしかったと思いますが、今ではどうしようもないことです。

ところで、家光公に「木の葉」を献上いたしましたのがあくまで京都でのこととしますと、私どもの店から歩いて数分の距離にある二条城に家光公が入城された、寛永十一年(一六三四)の上洛《じょうらく》の折ではなかったかと推測いたします。それが私どもの創業年と考えていいのかはわかりませんが、実質的にはこの「伊織」の名を賜ったことが礎《いしずえ》となり、以来四百年近く、父で十七代を数えております。その歴史は不明なことばかりですが、それでもやはり、私どもにとっては何よりの誇りなのでございます。

七月　八坂煎餅・波

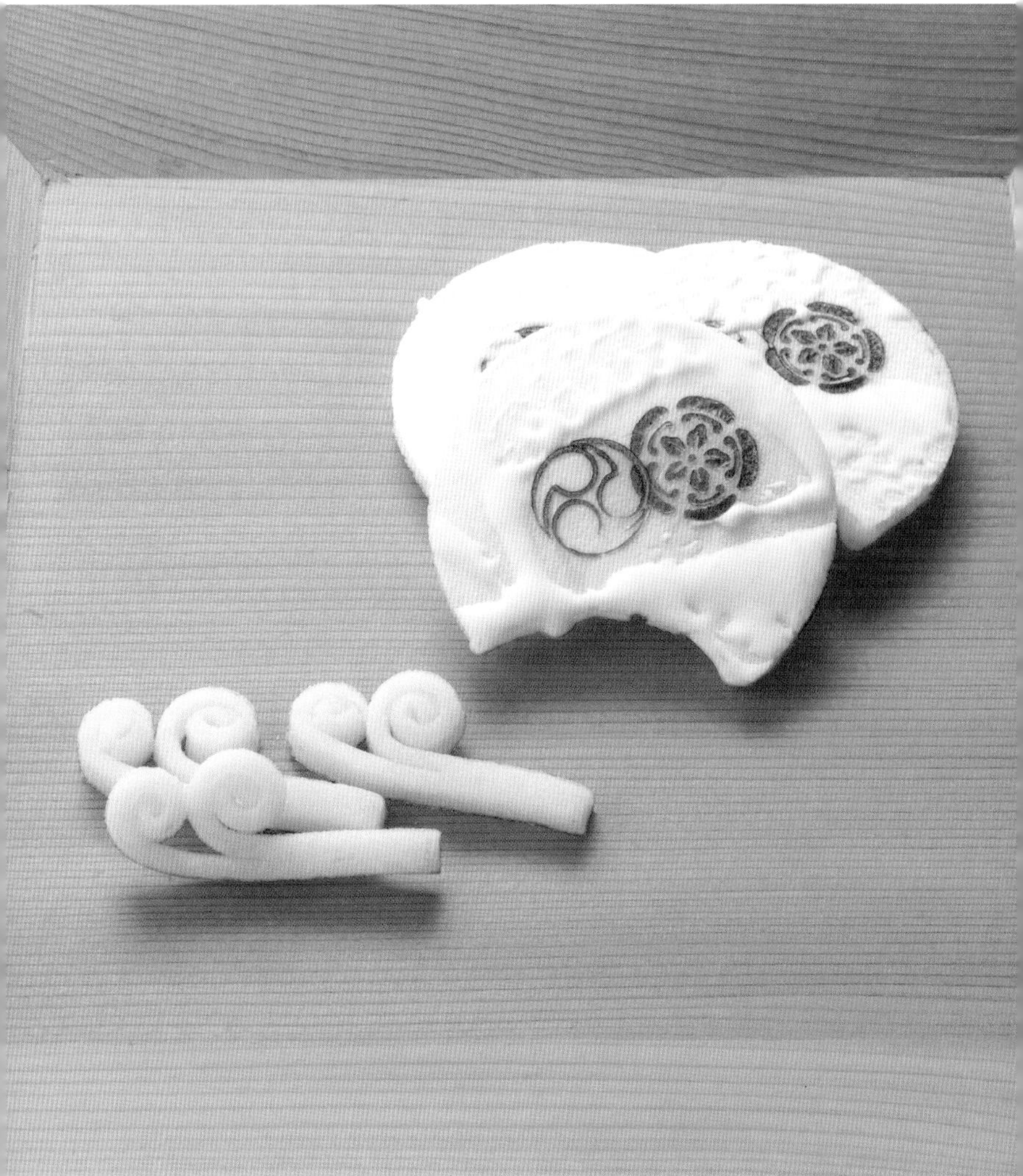

京都の町は、戦争中に空襲による被害がほとんどなかったせいか、古いお家では今でも「どんどん焼け」の記憶を語り継いでいるところが多いようです。

幕末の不安定な社会情勢のなか、御所のある京都は政治の舞台として全国から注視される町となっていました。そのようななか、元治元年（一八六四）七月十九日、御所蛤《はまぐり》御門《ごもん》付近で長州藩と、薩摩藩や会津藩を中心とする京都守備兵とが武力衝突をおこす、いわゆる「蛤御門の変」がおこります。長州藩は敗走いたしますが、京都の町はこの兵火がもとで大半を焼失する大火事となりました。この火事を京都では「どんどん焼け」と申しております。御所に近い私どもの店も例外でなく、お仏壇の仏さんだけはと井戸に投げ入れて、着の身着のままようやくにして逃げることができたというふうに伝え聞いております。古い店とはいえ、歴史を記録するものが一切私どもの手もとに残っていないのも、この時の火事で全てが焼けてしまったものと思われます。

徳川家光公にお菓子を献上して「伊織」の名を賜ったという一事にしましても、それについて何の記録もございませんが、ただここに、『徳川実紀』寛永十一年（一六三四）七月の、家光公上洛の記事があります。これを見ておりますと、何やらそこに私どもの先祖の姿が垣間見られるような気がいたします。

十一日御入洛により、ことに行粧をかいつくろひ、供奉上下の威儀厳粛たり。これを拝せんとて都鄙近国の男女、膳所より京まで立錐の地もなく群集せり。(中略)日岡に　勅使、　院使、月卿雲客御関(歓)迎とて衣冠し、所せく参り奉り、(中略)上方筋の諸大名、且京の商人も拝して後、巳刻二条の城につかせ給へば、(以下略)

家光公をお迎えする京都の人々のすさまじい歓迎ぶりが見てとれます。そしてこの記述の先には、家光公に謁見の諸大名や御所からのお使いとの間で頻繁に菓子のやりとりがあったことが記されております。また、二条城入城当日の饗応《きようおう》役を京都所司代《しよしだい》板倉重宗《いたくらしげむね》公が務めておりますが、実はこの板倉家とは、私どもでは古いお客様としておつき合いいただいておりました。寛永年間まで遡ることは到底無理ですが、昭和六年、当時の板倉勝朝様より頂戴した年賀状が私どもに残っております。もとより想像を出るものではございませんが、京都所司代を務められた板倉家とおつき合いいただいていたことは、家光公より「伊織」の名を賜ったことのひとつの傍証《ぼうしよう》にはなるかも知れません。

それ以後、私どもの店がどんなふうであったのか、天保二年(一八三一)と嘉永四年

天保二年に刊行された京都の案内書である
『商人買物独案内』（京都府立総合資料館蔵）
右端、亀屋伊織の枠内には
「木の葉煎餅　亀屋伊織製」とある

七月のお菓子

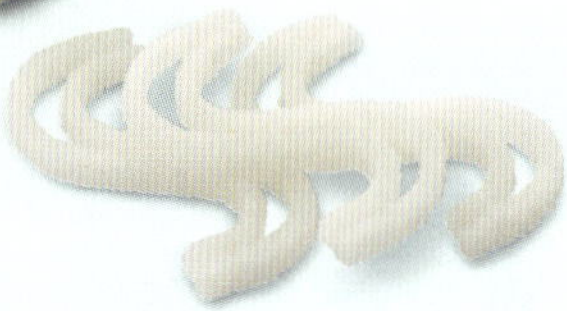

芦煎餅
水(生砂糖)

淡々斎好 糸巻(押物)
七夕の趣向では
織姫に因んで用いられる

面高(押物)も
この時期好まれる
意匠の一つ

（一八五一）版の『商人買物独案内《あきんどかいものひとりあんない》』のなかに「亀屋伊織」の名を見つけることができる他には何も知ることができません。しかし数年前、ライターの井上由理子さんが、嘉永七年の上菓子屋仲間の連名のなかに「新町二条上ル　亀屋市兵衛」と署名があるのを見つけて下さいました。「市兵衛」というのは私どもで代々襲名した名前ですので、間違いなく私どもの当時の主人の署名だと思います。ただ、他年度の連名には名前が見当たらないらしく、常時、上菓子屋仲間に加入していたわけではないようで、そのために砂糖の調達にも別のルートをもっていたのではないかと井上さんは推測しておられます（『茶道学大系　懐石と菓子』淡交社刊）。全ては歴史の闇のなかであり、私どもにも探る手だてのないことはかえすがえす残念なことでございます。

さて、七月のお菓子は、

煎餅―八坂煎餅、芦、滝、笹
押物―糸巻、楓、撫子《なでしこ》、桔梗《ききょう》、面高《おもだか》
生砂糖《きざとう》―水、波

といったものになります。

七夕の趣向で「糸巻」と、「波」や「笹」の取り合わせ。また八坂神社（祇園社）の御紋を焼いた「八坂煎餅」は、麸焼《ふやき》煎餅の端を丸く切り取って団扇の形に見立て、祇園祭の取り合わせにお使いいいただきます。

祇園会や二階に顔のうづ高き　子規

京都の三大祭のひとつであり、また日本の三大祭のなかにも数えられる祇園祭の一風景を正岡子規は面白く句にしています。京都の七月はこの祇園祭に明け暮れますが、なかでも賑やかなのは、十七日の山鉾《やまぼこ》巡行とその前夜の宵山《よいやま》でしょう。この両日の人出は大変なもので、山や鉾の出る京都のなかの限られた一画に、何十万という人が押し寄せ、それこそすし詰状態となります。沿道の町家では、二階の桟《さん》を開け放ち、知人を呼んでお酒などもてなしながら祭見物をいたしました。上も下もまさに人で溢れかえっているのです。しかしながらだんだんとそうした町家も少なくなり、今日では祭風情も変わってきているように感じます。

私どもも八坂神社の氏子《うじこ》でありますが、山鉾巡行や神輿渡御《とぎょ》などの行事に関わることはあまりなく、また夏は仕事の落ち着く時期でもありますので、専《もっぱ》ら祭の見物組でございます。厄除《やくよ》けの粽《ちまき》を新しく受けてきて、店に飾るのを毎年の慣わしにしております。

八月　初雁煎餅・野菊

この暑い夏の期間、有平糖のかわりに作っておりますのは、関東では「雲平《うんぺい》」と呼ぶのが一般的だそうですが、砂糖を寒梅粉でつないで練ったもので、見た目にも涼しげに仕上がるお菓子でございます。細工の幅も広く、工芸菓子の大部分はこの生砂糖で作るそうですが、私どもではせいぜい「水」か「波」ぐらいで、あっさりと、あくまでも有平糖のかわりといった位置づけで作っております生砂糖《きざとう》といいます。

ところが、夏も終わりに近づいてまいりますと、取り合わせによって生砂糖では季節感がそぐわなく感じることがあります。洲浜《すはま》で「夕顔」を作るようになるのは、そうしたタイミングでございます。

そよりともせいで秋立つことかいの　鬼貫

元禄の俳人、上島鬼貫《うえしまおにつら》が詠んだように、立秋は毎年、暑いさなかの八月八日頃にあたり、この暑さのなか「秋立つ」とはいささか滑稽に思えたりもいたします。しかし、よく気をつけていると、確かにこの日あたりから日ごと夕暮れは早くなり、太陽の光にも少しずつ衰えを見出すことができるようになります。八月十六日、京都で催される五山《ござん》の送り火は、お盆に帰って来られたお精霊《しょらい》さんをお送りする行事ですが、同時に夏という季節を見送る行事のように私はいつも感じながら「大」の字を見ております。
そうしたわけで、八月のお菓子は夏のお菓子と秋のお菓子が入り混じります。

煎餅―滝・芦・団扇(千鳥、桔梗、トンボ)・渦・初雁
押物―楓・千鳥・桔梗・撫子・蓮の葉・渦・野菊
生砂糖―水・波
洲浜―夕顔

団扇の煎餅は、端を丸く切り取った煎餅に「千鳥」や「桔梗」の焼印を押すものですが、秋隣《となな》る気分が深まるにつれ、赤トンボの風情に焼印を押すなどいたします。また、はったい粉で押した「渦」の押物と、洲浜の「夕顔」の取り合わせも、何故このふたつを取り合わせるのかといわれると少し答えに窮しますが、不思議とどことなく夏の終わりを感じさせてくれる取り合わせと思っております。

この洲浜といいますのは、砂糖に洲浜粉を混ぜて練ったもので、私どもでは生砂糖よりもむしろ季節を問わず、いろいろと種類がございます。洲浜粉というのは、煎った豆を粉に挽いたもので、きな粉と近い関係があります。煎り加減がきな粉より浅い洲浜粉は、そのぶん豆の風味をよく残し、しっとりとした感じに仕上がるのが特徴です。

八月も下旬になりますと、私どものお菓子の世界ではもう「初雁煎餅」でございます。

洲浜

1.砂糖に洲浜粉を混ぜて練る

2.麺棒で伸ばす

3.ほどよい大きさに形をととのえて切る

4.包丁で均等に切り分けていく

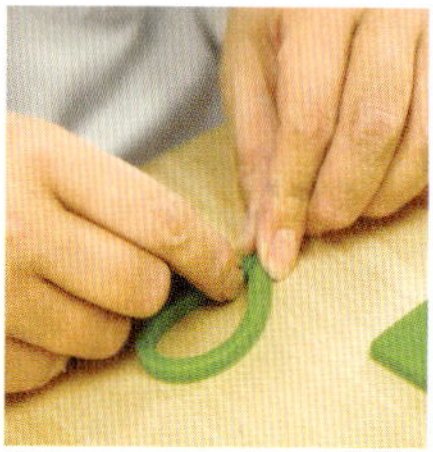

5.指先で両端をつなげる

6.仕上げにくびれを作る

7.夕顔の出来上がり

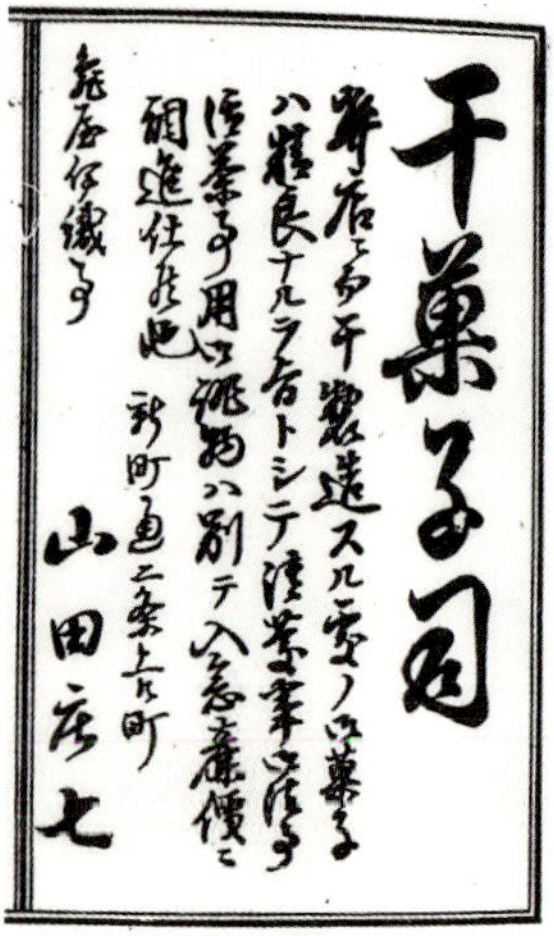

『都の魁』(京都府立総合資料館蔵)に掲載された亀屋伊織の広告文

八月のお菓子

盛夏の取り合わせの一つ、
渦煎餅と千鳥（押物）

夏の終わりを
感じさせる菓子「夕顔」（洲浜）

これには夕顔や紫色の押物「野菊」を取り合わせて秋の到来を確かなものにいたします。

さて、六月、七月の頁あたりより私どもの店の歴史を見ていただいておりますが、私の曾祖父にあたる山田庄七による広告文が明治十六年(一八八三)版『都の魁《さきがけ》』に載っております。

干菓子司

弊店ニ而干製造スル処ノ御菓子

ハ、精良ナルヲ旨トシテ、御慶事、御法事、

御茶事用御誂物ハ、別テ入念廉価ニ

調進仕候也

新町通二条上ル町

亀屋伊織事

山田庄七

「どんどん焼け」で店が焼けて、どうにか再建なるも束の間、明治維新を迎え、東京遷都、文明開化の世情、茶道文化そのものがそれまでの庇護者を失い、大変な苦労を強いられる時代となりました。私どもの店も無事であるはずがなく、『都の魁』に寄せた曾祖

父の広告文には、どんなことでもして、どうにかしてこの家業を続けていこうとする思いが読みとれるように感じます。

しかし、私の祖父が子供の頃といいますので、明治の末頃と思いますが、創業以来の家を離れて狭い現在の家へと移ってまいります。以前は庭に梅の花が咲く、それなりの京町家であったようですが、店と仕事場に場所をとり、本当に手狭なこの家へ、幼かった祖父は親に手を引かれて移ってきたのだと話しておりました。しかしそれでも、前の家とは歩いて一、二分の近い距離で、中京のこの界隈を離れずにいられたことは幸いでした。

御所や二条城に近いだけでなく、薬種業者が軒を連ねる二条通りと、呉服商が軒を連ねる室町通り、この二本の通りがぶつかるこの地域は、砂糖がもとは薬として流通していたこと、そしてさまざまな呉服の意匠を間近にできたことを考え合わせると、菓子屋としてこれ以上に有難い場所は他に考えられないのではないでしょうか。

近辺には三井越後屋京都店があり、また私どももとは親戚筋となる画家の今尾景年、三井家出入りの道具商「大嘉《だいか》」こと松岡嘉右衛門、みなこの界隈でございます。

そしてこれは偶然ですが、現在の私どもの店のあたりには、かつて千家二代少庵の屋敷があったといわれ、利休さんも訪れた記録があるように聞いております。まったくこの恵まれた地縁なくして伊織の菓子は考えられないのでございます。

九月　兎・豆

明治六年（一八七三）、それまで中国にならって太陰太陽暦（旧暦）で生活をしてきた日本は、西洋と同じ太陽暦（新暦）での生活に切り替わりました。それは日本の国が西洋諸国と肩をならべ、近代的な文明国となるためにどうしても必要なことでありました。しかし、それまで旧暦のうえに成り立っていた日本のさまざまな伝統行事の、その培ってきた背景をわかりにくくしてしまったことも否めないように思います。

煎餅―初雁・菊・兎・ススキ
押物―菊・兎・桔梗・撫子
洲浜―夕顔・豆・菊の葉
生砂糖―水

これら九月のお菓子のなかで、煎餅や押物の「兎」と洲浜の「豆」の取り合わせは、旧暦八月十五夜の月見の取り合わせで、これは新暦ではほぼ九月の満月の日にあたります。昔も今も同じ月を愛でて月見をしていることになるわけです。

ところが、九月九日重陽《ちょうよう》の節句は本来旧暦のもので、生菓子に「着せ綿」というのがあるように、菊の花に宿る露に不老長寿の伝説を重ねて、この節句の重要な風情としております。私どもで用意する「菊」と「菊の葉」の取り合わせも、単に「菊の節句」という別名によるだけでなく、やはりそこに露の風情を重ねていただきたく思うのですが、新暦九月九日といえばまだ残暑も厳しく、頭で理解する季節と肌身に感じる季節とにどうしてもくい違いがでてまいります。これはいわゆる五節句においては、すべて同じことが言えるのでございます。旧暦と新暦の間に生じる齟齬《そご》は、新しい暦での生活のなかにあっては、いずれ折り合いをつけなければ仕方のないものですが、私どもとしては本来の旧暦によった背景もきっちりと意識しておきたいと考えております。

ところで、こうして毎月私どものお菓子の紹介をさせていただいておりますが、このようなお菓子の意匠や取り合わせは、もちろん江戸期からのものもあるかと思いますが、多くは明治時代に今日につながる基盤ができあがったと考えられます。それは、私どもが創業以来の家を離れなければならないほどに逼迫《ひっぱく》した時代に私どもと親戚関係にあった画家の今尾景年(一八四五―一九二四)と、道具商の松岡嘉右衛門によるところが大きいと思われます。

景年といえば南禅寺法堂の「瑞龍図」が大作として有名ですが、例えば祇園祭などで古い町家が開放されるような機会に、床や屏風にふと目にとまるようなこともございます。明治から大正にかけて、景年は国内外の博覧会、品評会などにおいて数々の受賞を重ねた京都画壇を代表する画家でありました。なかでも明治四十四年

国宝　志野茶碗
銘「卯花墻」（三井記念美術館蔵）

今尾景年筆　南禅寺法堂天井「瑞龍図」
撮影・水野克比古

菊（押物）
菊の葉（洲浜）

九月のお菓子

押物「蓮の葉」の木型
今尾景年による下絵と伝えられる

（一九一一）、ローマ世界美術大博覧会に日本代表として出品した「寒月群鴨図」が最高賞を受賞したほか、大正四年（一九一五）に京都で執り行われた大正天皇即位の御大典においては、大饗宴場豊楽殿に「千歳松図」の軟障《ぜじょう》を揮毫《きごう》するなど、その活躍は華々しいものでした。

景年の絵は円山《まるやま》派の写実的な花鳥画が主で、明治という時代に相応しい気骨ある絵という印象がありますが、一方で呉服の下絵や茶道具の絵付けには洒脱な意匠を施したものも多く残しております。景年の妻は私どもの家から嫁しております関係で、私どものお菓子にもさまざまな意匠を残しているように聞いております。今では明確にどれがそうとはわかりませんが、押物の「面高《おもだか》」や「蓮の葉」には明らかに景年らしさが見てとれますし、「滝煎餅」のような刷毛蜜《はけみつ》の技法にも景年の指導があったものと推測しております。

もう一人の松岡嘉右衛門といいますのは、屋号を「大嘉《だいか》」という三井家出入りの道具商で、私どもとは重縁の関係でございました。「本釜」といって抹茶道具を専門に扱い、道具商のなかでも筆頭格であったと伝え聞いております。事実、「和物茶碗にて全国第一等」と評され、国宝指定を受けております志野茶碗「卯花墻《うのはながき》」は、この松岡の手を経て室町三井家に納まったものでございます。この茶碗を松岡は、明治二十三年の入札会で「千円」の値をつけて落札入手したと『大正名器鑑』や三井文庫に残る嘉右衛門の父、嘉兵衛より小石川三井家へ宛てた手紙に記されています。

松岡嘉兵衛、嘉右衛門は実力ある道具商であり、また茶人でもあったといいます。松岡はその頃の私どもの主人を茶会へ連れてゆき、茶人や工芸家を紹介し、そしてさまざまな道具の意匠をお菓子に写させ、私どもの最も苦しかった時代に今日までつながる多くの勉強やお菓子の意匠を蓄えさせました。

景年とちがい、道具商松岡の名前を知る人は今ではほとんどおりません。ただ、八坂神社の正門（南門）にならぶ一対の狛犬は、明治三十四年に茶器商社の寄進により修造された由ですが、その茶器商社の連名のなかに「松岡嘉右衛門」の名も刻まれ、今に残っております。家族で八坂神社をお詣りするようなことがあるたび、いつも父はこの松岡の話を自慢で話します。

今尾景年といい、松岡嘉右衛門といい、この地で菓子屋を営み、このような親戚にも恵まれ、お客様はじめ多くの皆さんに支えられて今日あることは繰り返すようですが本当に有難いことです。代を新しくするごとに受け継がれていくものは、単に菓子作りの技術だけでなく、まさにこのような歴史そのものだと思うのであります。

十月　鳴子・雀

志《し》ら菊の枕に近く香る夜は
　夢も幾夜の秋かへぬらん　蓮月

「暑さ寒さも彼岸まで」の言葉通り、お彼岸を過ぎて十月ともなると夜眠る間に吹く風も爽やかで、いよいよこの蓮月尼の歌も実感として味わえるような気がいたします。幕末の歌人、大田垣蓮月が晩年を過ごした西賀茂の神光院《じんこういん》とはごく近い親戚でもあり、私どもにとって蓮月尼の歌というのは何やら特別な親近感を抱かせます。しかし蓮月尼に限らず、季節を詠んだ歌は特にそうですが、昔の人と同じ感興に私達もまた共感できるというのは面白いことだなあと思います。

さて、私どものお菓子の方でもお彼岸が過ぎますと、ようやく有平糖や味噌煎餅といった暑い時期には避けていたお菓子を再開いたします。

煎餅―鳴子・稲穂・菊・俵・いちょう
押物―菊・俵・栗
洲浜―菊の葉・弓松葉
有平糖―松葉・雀

十月は収穫の季節であり、月の前半にはたわわに実った田園風景を「鳴子」と「雀」の取り合わせで。取り入れが終る中旬以降は「俵」に「弓松葉」を取り合わせてお使いいただきます。

「歳時記」に代表されるように、日本文化は季節感を積極的に盛り込む文化であるように思います。お茶の席においても季節感を取り入れることがまず基本であろうと思いますし、私どものお菓子もそれに合わせて四季それぞれに意匠が変わります。しかし季節のものとは別に、ご亭主の趣向や会の趣旨がある場合のお菓子もないわけではございません。慶事や法事の折のお菓子が例えばその類のものです。

慶事―寿煎餅・七宝・宝尽し・扇面・蟹(還暦)・㐂煎餅(喜寿)

法事―蓮の葉・如意《にょい》・香の図・菩提樹《ぼだいじゅ》

お祝ごとには「寿」の字の焼印煎餅や、吉祥紋をかたどった押物など。また法事には「菩提樹」の煎餅や、僧具のひとつである「如意」を有平糖でかたどるなどいたします。これらのなかで押物の「蟹」は特に還暦のお祝にお使いいただきます。還暦の異称である「華甲《かこう》の祝」からの連想で、蟹の赤い甲羅をイメージしたのではないかと思います。私どもの所持する「蟹」の型は、おそらく香合かなにかの写しではないかと想像しておりますが、事実よく似た意匠の香合があるようで、あるいは九月のところ

十月のお菓子

俵（押物）
弓松葉（洲浜）

慶事のお菓子

蟹（押物）
型物香合にこれとよく似た意匠のものがある

宝尽し（押物）

法事のお菓子

蓮の葉(押物・左上)、如意(有平糖・左下)、香の図(押物・右)

でふれました道具商、松岡嘉右衛門の指導で作られたものかとも推測されます。

慶事にしろ法事にしろ、これらのお菓子は会の趣旨を明確に主張いたします。しかし気楽な薄茶のお菓子としては、やはり季節のもので華やかな取り合わせや侘びた取り合わせを使い分けることで雰囲気を汲み取っていただくようなこともございます。いずれにしてもこれらは、ご亭主との相談で決めさせていただくことになります。

それにしましても、長い歴史のなかでお茶人さん達に批評され、淘汰されてきた意匠や取り合わせというのは揺るぎのないものがございます。もし、定番の取り合わせでなく、別な違った取り合わせでご亭主の要望にお応えしなければならない場合、それは私どもの仕事として大事なことではありますが容易なことではございません。干菓子は型物が多いので場合によっては型から新しくおこさなければならないこともあります。うまくいくようなことは稀ですが、しかし試してみることで新しい発見が得られることがあるのもまた事実です。

少し前ですが、源氏物語千年紀ということで、平成二十年の春、あるお客様から「源氏物語の趣向で」という注文を頂戴いたしました。『源氏物語』といえば、源氏香の図柄である「香の図」の押物が私どもにもありますが、実は普段はお香の意味からの転用で法事の取り合わせにお使いいただくことが多く、何か違うものを用意したいと考えました。ちょうど外国の方からの注文で有平糖の蝶を紫色でしてほしいというのがあり、「蝶」といえば白か黄色のイメージしかなかった私どもとしては少し驚いたのですが、作ってみると意外に感じがよいものであることを知りました。そこで「御所車」の焼印の煎餅に、この紫の「蝶」を取り合わせてお薦めしたところ、大変喜んでいただき、ホッと一安心できたことがございました。『源氏物語』のなかの、どの帖のどの場面というわけではありませんが、絵巻を繙《ひもと》けばそこに描かれていそうな感じに取り合わせできたのでは、と思っております。

ところで、私どものお菓子は仕事場で完成するものではないと考えております。お茶席に、二種三種と取り合わせて盛られたお盆が運ばれて、お席全体との調和のなかから何らかのイメージを膨らませていただくことではじめて完成するお菓子であります。私どもの手を離れたお菓子が、それぞれのお席で私どもの想いをこえて育んでいただけるようであるため、やはりお菓子は控えめで、作りすぎてはいけないのだと思います。

「おうちのお菓子やったらお盆が喜びます」

このようなお言葉を頂戴することがございます。私どもにとっては、誠に菓子屋冥利につきる思いがするのでございます。

十一月　吹寄せ

京都一乗寺にある石川丈山《いしかわじようざん》の居宅、詩仙堂《しせんどう》に鈴鹿野風呂《すずかのぶろ》の句碑が建っております。

さにづらふ紅葉の雨の詩仙堂　野風呂

「さにづらふ」は真っ赤に照り映える頬をもとの意味とする、紅葉の枕詞だそうですが、「紅葉の雨」とはどこか艶めいて、しっとりとたたずむ詩仙堂とともに、詩情豊かに五感に迫るものがあります。

日本人が培ってきた風情や情感は、紅葉の季節において特に複雑で奥深いものを感じさせるようです。能の演目にある「紅葉狩」などは、この紅葉盛りの戸隠山《とがくし》山中で酒宴をする女たちが実は鬼女であったという趣向ですが、その華麗な舞台の裏に潜《ひそ》むものは、妖艶な、毒気とでもいうような不気味な情感であります。そして鬼女たちが退治された後の舞台には、末枯《うらが》れてやがて冬を迎える一抹の寂しさが残されているようにも感じられます。

この季節は「お茶の正月」といって、「口切り」や「炉開き」といった茶事が賑やかに催される時期でありますが、そこに取り合わされるお道具には、この時期特有の、華やかさの陰にある情趣が潜んでおり、お茶の楽しみに一層の深みを増しているのではないかと考えてみたりいたします。

しかしこのような秋の深い情趣のなかにあっても、これをお菓子のなかに写してしまっては、私どもでは「作りすぎ」ということになるでしょう。干菓子というのはあくまでも小道具であり、もとより演者ではございません。お茶席のなかの位置をよくわきまえて、説明をせず、抑制をきかすことが大切だと考えております。

さて十一月のお菓子といえば、まず「吹寄せ」がございます。紅葉、いちょう、松葉、しめじ、栗、松笠、ぎんなん、この七種を取り合わせる「吹寄せ」は、一年のなかで最も見映えのする取り合わせです。父が聞いている話では、もともと「溜《た》め寄せ」といって売れ残りのお菓子を寄せ集めて売っていたのが、やがて「吹寄せ」という風雅な名でお茶人さんたちに好まれるようになったといいます。「紅葉」「いちょう」「松葉」が洲浜、「しめじ」が有平糖、「栗」「松笠」が押物、「ぎんなん」は芋つなぎという製法で作ります。

また「吹寄せ」の他には、

煎餅―いちょう・紅葉（錦台《きんたい》）・蔦・鹿

押物―柚子（つまみ）・宿り木

有平糖―松葉・照葉・枯松葉

柚子の押物　銘つまみ

十一月のお菓子

紅葉の焼印が映える錦台に
枯松葉（有平糖）を配して

宿り木（押物）と照葉（有平糖）
源氏物語に因む取り合わせとも
伝えられる

以上のようなものがございます。

このなかで押物の「柚子」は、冬至を控える十二月が主のお菓子ですが、お茶の古い文献に「柚子の色づくのを見て炉を開く」というのがあるらしく、特に炉開きにお使いいただくことが多いお菓子です。「つまみ」という銘が伝わっておりますが、おそらくそのような銘をもつ香合からの写しかと思います。

ところで元来私どもでは、お菓子に銘をつけるということはあまりしておらず、お客様の方で使い勝手のよい名前をつけていただければというのが基本的な考えでありますが、なかに「つまみ」などのように昔から伝わった銘をもつものがございます。「錦台」という紅葉の焼印の煎餅もそのひとつで、これなどは面白いいわれが伝わっていて、私どもでも好んで銘を使うお菓子です。

「錦台」といいますのは、現在も御所の御常御殿《おつねごてん》東方に残る茶室の名前でございます。庭に楓の木が多く、紅葉の頃のきらびやかな色彩に由来する名だろうとされております。今はわかりませんが、かつてこの茶室には時計が置かれていて、その振子部分の扉に紅葉の意匠が施されていたと聞いております。私どもの紅葉の焼印はこの意匠を写したものとされ、他の焼印と比べても大きく、煎餅いっぱいによく映える焼印であります。また「錦台」という銘も華のあるよい名前だということで、口切りや炉開き、その他この時期の華やいだお席にはよくお使いいただきます。

型物の多い干菓子という分野にあっても、伊織には伊織なりの姿がございます。それは、その時代時代のおつき合いのなかから教えられたり、またお客様から批評されたりして出来上がってきたものですが、もうひとつ大事なことは、前にも申しましたが、この場所で仕事を続けてきたということだと思います。

私どもの家では代々が謡の稽古をしておりますが、それはこの辺の町人の多くが嗜《たしな》んだ、そういう土地柄でもありました。謡には、漢詩や和歌の引用があり、またさまざまな故事来歴が情趣ある言葉で綴られます。特別な勉強をせずとも、謡の稽古で声を出しているうちに何となくそうしたことが頭に残り、体に染みつくものがあるようです。私どもの代々もこのようにして感性を養ってきたのだろうと思います。

「相変わらず」と申して憚《はばか》らない私どものお菓子ですが、そこにはさまざまな歴史が沈潜しています。一方で、絶えず巡ってくる季節はいつも新鮮そのもので、私たちの気持ちもその都度新しくなります。私ども作り手と、お客様が、お茶という目的のなかで同じ時代、同じ季節を共有している以上、「相変わらず」は古びることがないと思っているのであります。

十二月　雪輪・光琳松

私どもの店にはショーウィンドウのようなものは何もありませんので、「お宅は何屋さんですか」と尋ねられるほど、一見して菓子屋とはわかりにくい店構えでありますが、おそらくこの百年間変らず店の間の正面に置かれた総桐作りの菓子簞笥は、私どもの店の顔として今も存在感を示してくれております。

もともとはこの簞笥の抽斗《ひきだし》に季節のさまざまなお菓子を仕舞っていて、お客様に見ていただきながらお求めいただいていたようですが、戦後しばらくして、お菓子の注文数が急激に増えてまいりますと、私どもではわずかな数であっても全て予約注文ということでなければご用意できなくなりましたので、現在では一時的なお菓子の保管場所といったぐらいの役割でしかこの簞笥の用はなくなりました。戦後から今日に至るまでの時代の変化は、私どものような小さな店にとりましても大きな変革期でございました。しかしそれでも、仕事の本筋のところまで変えるわけにはいかないといつも思っております。

以前、瀬戸内晴美（寂聴）さんが、さまざまな職人さん達を取材されて、それを『一筋の道』という一冊の本にまとめられました。私の祖父も「干菓子作り」というタイトルでこの本のなかに取り上げられ、面白い逸話を紹介していただいております。

ある時、瀬戸内さんの知人の方がお菓子をお求めにいらっしゃって、祖父に尋ねられたそうです。

「その箱、も少し、いいものはないでしょうか。お菓子があんまりきれいだから、箱もも少しましな方が……」

包装の手を休めず、老主人の答えはにべもない。

「へえ、うちは菓子屋どすさかい、箱屋やおまへん。箱は箱屋で買うとくれやす」

――瀬戸内晴美著『一筋の道』(文藝春秋刊)より――

これを読むといかにも祖父の言いそうなことだと思います。私どもでは、このお菓子のことを芸術作品か何かのように考えたことはなく、また美味しいお菓子を作ろうという考えもございません。ただただお茶席のお菓子としてどうか、そのことをのみ考えて仕事を続けてまいりました。そのためには上手に作ることさえも否定されることがあるほどです。私どものお菓子が、いわゆるお土産のお菓子と異なる点はこういうところであろうと思っております。箱から直接つまんで召し上がられても何の価値もないお菓子なのでございます。

私どもの使っております包装紙には「西林和泉守源兼定」だとか、「亀谷伊織大掾」などと昔使っていたらしい大げさな名前が印刷されておりますが、それで特に上等の紙を使っているわけでもなく、箱もそっけない紙箱です。進物用に頼まれましても特別き

現在、亀屋伊織で使用されている包装紙

四十五もの抽斗が付く亀屋伊織の菓子箪笥

十二月のお菓子

晩秋に好んで用いられる「下紅葉」
飛石にはらりと落ちた紅葉を思わせる

「鐘」に「結び」（有平糖）を配して
歳末に因む取り合わせ

れいに箱に詰めることもできませんし、包装もいたって不得手です。しかし私どもの仕事の本筋がどこにあるのかということは、先ほどの祖父の言葉がしっかりと説明してくれているように思います。

平成十九年二月、淡交会全国総会の席上で、お家元より父は茶道文化振興賞を頂戴いたしました。聞くところでは、菓子屋での受賞は初めてとのことで、私どもにとりましても全く思いがけないことであり、そのときはとまどいと喜びで家中がてんやわんやでありました。その表彰式の折、お家元にお声がけいただいたことのなかに、「いつも時間通りにお菓子を届けて下さって……」とのお言葉があったように聞いております。お菓子がいくらよくても会に間に合わなければどうにもなりませんので、これは当たり前のことでありますが、お菓子そのもののこと以前として、その当たり前のことを積み重ねてきた歴史と信用を併せて評価して下さったのかなあと思うと、一層嬉しい思いでありました。

私どもは家族だけの小さな店ですので、主人ひとりでお菓子を作り、配達もすることになります。ただ今は父と私の二人で仕事をしておりますが、それでもほとんど休みのない仕事です。しかしこの配達というのは、お菓子と一緒に、それを作った主人自身がお客様と顔を合わせる機会でもありますので、決して他人任せにできない用だと私どもでは言っております。実際にはどこにでも配達に伺うというわけにもまいりませんが、これからも大切な用であることに変わりはございません。
お客様のお菓子に対する考えや、配達の場合はいつ頃伺うのが頃合いかといったことまで、よく知っておくことは私どもの大事な務めであります。しかしまた一方、お客様の方でも、私どもがどういう仕事をしている菓子屋なのか、よく知ってお求めいただけるならば、私どもとしましても大変有難く、嬉しいことでございます。

さて、十二月のお菓子は、
煎餅—下紅葉《したもみじ》、雪輪、鐘
押物—雪輪、雪華、柚子（つまみ）
有平糖—松葉、枯松葉、光琳松、結び、笹の葉
といったものになります。
十一月まで晩秋の風情を楽しみ、新しく迎える一月はもう初春の取り合わせとなりますので、私ども菓子屋の「冬」は短いものです。来る初釜に向けて、私どもの仕事も次第に慌しくなってまいりますが、「相変わらず」のお菓子と、「当たり前」の仕事を、一年、また一年と積み重ねてまいりたいと思っております。
本当に有難うございました。

亀屋伊織の家に生まれて

聞き手　井上由理子

――亀屋伊織の後継者であることを、いつ頃から意識するようになられたのでしょうか。

幼かった頃、家の仕事は「菓子屋をしている」というぐらいにしか認識していなかったのですけれど、もう本当に、子供の頃より「店を継ぐことから逃げられへんな」と思てましたし、擦り込まれていました。何かこうね「将来何になりたいか」という希望を持っても、最終的には「家を継がんならん」と、もの心がついた時分から感じていました。だからといって、家族から「家業を継ぐように」とワイワイ言われた覚えはないのです。ただ、まだわけのわからん子供の頃に「あんたとこの店は、大事なお店なんやから、頼むで」と、どこの誰かも知らない人から言われましてね。妙にこの言葉が記憶に残っています。

――他の人たちにとっても「継いでもらわなければこまるお店である」ということですね。これは、子供には重い…。自分の運命に、反発を感じる年頃ってありましたか。

いずれ家を継ぐとしても「学校を出てすぐには菓子屋をしたくない」という気持ちがありましたね。ところが、両親は私が大学を卒業するのを待ち構えていたんです。「自分らだけで菓子屋をするのはしんどいわ」などと言いまして（笑）。大学の専攻は日本史でして、卒業間際に「某市の市史編纂室が、古文書整理の仕事をする人を探しているので、行ってくれないか」という話をいただいたんです。日本史が好きでしたから「一年だけでもその仕事に就きたいな」と思うたんですが、親の気持ちを考えますとねえ、結局、外にはよう出られませんでした。だからといっ

て、うちの仕事が「いやや」と思うたことは一度もないですね。「こんなもんや」と慣らされていったんでしょう。一方、私の子供は、今五歳の女の子ですけれど「お菓子屋さんをやめて、花屋さんにしよう」と言うんですよ(笑)。

——以前、お父さまから「子供がおいしいというお菓子は本物や」みたいなことを伺ったことがありますが、さて、ご実家のお味はいかがでしたか。

子供の頃から、お煎餅の焼印の失敗したのとか、有平糖のくずとか、そんなんは結構食べていましたね。特に味噌餡が好きやったんです。僕、おばあちゃん子でしてね。祖母から、わざと失敗したふうのものを、もろてたという覚えがあります。うちの子供もうちのお菓子がわりと好きですね。ところが父は「うちのお菓子よりも、近所にあった駄菓子屋のお菓子の方が好きやった

んや」ってよく昔話をするんですよ(笑)。

——仕事の感覚で初めてお菓子に触られたのは、おいくつの時だったのでしょう。

小学校に入るか入らないかの時分からだと思います。有平糖などは家族全員でいっぺんにする仕事で、祖父母も仕事場に集まりましたから、子供らもそばに寄って行って、有平糖にちょっと触ったりする機会がありましたね。当時は今ほどたくさんの量のお菓子を一度に作っていなかったので、有平糖にしても昔ながらのやり方で、一つ一つ作っては、木箱に並べていたのです。これが結構手間だったんで、このような作業を手伝っていました。

——本格的にお菓子作りを始められたのは、何歳の時からですか。

大学を卒業してからです。ただ雑用的なことは学生時代からしていましたし、忙しい時期は手伝いもしていました。私には弟がいるのですが、家族は弟にはあんまり手伝いとかはさせていなかったように思います。

父などは私に「手伝え、手伝え」と言うのに、弟には「勉強ささなあかんのや」と(笑)。不公平でしょう。これが兄弟喧嘩のもとになるんですよね。

「菓子作りの技術を身につける」

――製菓法をどんなふうに学んでいかれたのですか。やはり十七代目のお父さまから。

お菓子を作る手順は、子供の頃から見てましたので、大体はわかっていました。本格的にお菓子を作るようになってから、決まった寸法などは改めて教えてもらいました。仕事を教わる過程で父に叱られた記憶はなく、私の作業を横から見てて「こうした方がええ」という感じやったと思います。父の存在というものは、まあ、いてたらいてたでうるさいところもあるし、でもこの仕事を知っているのは、父だけです。仕事をしていく上で相談できるのは父しかいないし、今、元気でいてくれているのはありがたいことです。

――この家で育たれて身につけられた感覚と、お父さまからの折々の口伝。後はご自身で経験を積んでこられたということでしょうか。

この仕事は数をこなさなければ手につくものではありません。たとえば、リズム。特に押物はリズムが大事です。単純なリズムなんですけれど、慣れへんうちは変なリズムで作っているもので、どうしても手間取るんです。時間がかかると生地の状態が変化して、押しても固まってくれません。リズムというのは、理屈ではなくて、からだで覚える以外どうしようもないわけです。

――若主人がおもにお菓子をお作りになるようになって「伊織さんのお菓子が変わった」と言われますか。

父は代を継いだ時には言われたことがあるようですが、私はあまり言われた覚えがありません。ただ古いお客さんなんかは、私がお菓子を作るようになっていても、お茶会に使うお菓子の相談などは、私では頼りなくて、父に話をしてはりますわ。今はまだ、信用を得るための途中段階です。

――昔の京都の職人さんたちは、お稽古事もよくなさいました。こちらでも代々お稽古事を大切にされていますよね。趣味もお仕事によい影響を与えますか。

特にこの辺の町の人は、謡《うたい》などは多くの人が習っていたらしいです。私も子供の頃より祖父から「謡の稽古に行け」と言われ、中学から謡の稽古を始めました。観世流の片山清司さん（現・片山九郎右衛門）に弟子入りし、十八年ほど謡のお稽古をしました。また俳諧、発句なんかも、昔はほとんどの人が心得ていたのではないでしょうか。私も人に誘われて、「銀化」という俳句結社に所属しています。祖父の従兄弟に俳人がいて「うちでも句会をして遊んだんやで」と言われて、ご縁を感じましたね。ほかには書道を少し。ただ、仕事に役立てようと思うて趣味をやっているわけではないのです。そうですねえ…趣味も含めた総合的なところから、お菓子も生まれてくるのかもしれません。

「茶席の干菓子のありようとは」

――学生時代、家業のお菓子について、どんな認識をお持ちでしたか。

「うちのお菓子はお茶会で使われるお菓子や」という程度のことを漠然とわかっていました。さて、それがお茶席でどういうふうに使われているのかというと、何も知らへんかったんです。大学を出て、お茶のお稽古を始めて何年かしてから、うちのお菓子がどういうものなのかに気づいていくことになりました。

――改めてお伺いします。伊織さんの干菓子とは何ですか。

お抹茶のためのお菓子。これに尽きます。

――お抹茶のためのお菓子とは。

伊織らしいお菓子を作っていたら、好んで使ってくださるお客さんがいます。これまでどおり「茶席で主張しないお菓子」「作り過ぎないお菓子」「ざんぐりした感じのお菓子」を作れば、それがお抹茶のお菓子になると思っています。お茶の本質が変わっていかない限り、うちは「昔からのやり方で間違いないのかなあ」と思うています。

――「主張しない」ということをもう少し説明してください。

父がよく「お菓子がお盆に勝ったらいかん」と言うてました。お菓子が主張すると、お盆がくすんでしまいます。お茶会の取り合わせによって、ご亭主がお菓子を選ばれるのですけれども、お菓子が主張することがあれば、せっかくの取り合わせのバランスを壊しかねません。さりげなく溶け込むことのできる干菓子が一番いいんです。お茶席にお菓子が出された時に、全体の調和を邪魔しない干菓子でありたい。そのために、干菓子は作り過ぎず、ざんぐりとした感じに仕上げています。

――お茶のお流儀によって、お作りになっている干菓子に何らかの違いがありますか。

お流儀を意識してお菓子を作ることはありません。「うちはうちのお菓子」ということでやっていて、それを使こうてくれはるのやったら「それでいい」ということでして、そんなふうに店の歴史が出来上がっています。歴史とは、ほんまにありがたいことですわ。

――お茶席では一種類の干菓子を使うより二種盛り、三種盛りが主ですよね。お菓子同士のバランスをどのように考えられていますか。

これもうちの歴史のありがたいところで、昔から「この取り合わせが絵になる」というのが出来上がっていまして、何と何を合わせるかおよそ決まっています。ですから、自信を持ってお勧めしやすいです。もちろん最終的にどうされるかは、お客さんの判断です。

――茶道における干菓子は、おいしいお菓子であるべきですか。

意識していません。材料の分量はおおまかに決まっていますが、ほとんど作り手の裁量の部分が大きいのです。干菓子なんてもんは味つけをするものではありません。言うたら砂糖を固めただけのものやから、基本的には同じ味でしかないのです。香りをつけるのもお茶の邪魔になるのであまり

好みません。干菓子とは味よりも形を食べてもらうお菓子だと思います。

――伊織さんのお菓子が「お茶席の干菓子である」ということを理解せずに、お店を訪れるお客さまもいらっしゃいますね。

ご注文いただいたら、どなたにでも作らせていただきます。ただ、格とは言いませんけれど、お土産菓子とは種類が違います。お茶をされていない方が、家で食べるために買われても、帰宅されて箱を開けて「何やこれ」とがっかりされるのではないでしょうか。

「亀屋伊織の干菓子の意匠」

――伊織さんのお菓子はお茶席でも一目でわかりますね。他のお店と何が違うのでしょう。

確かにうちと同じようなお菓子は見かけないですよね。何が違うのかは、よくわからないです。色合いで言えば、作っている立場としては、子供の頃から見ているお菓子の色でないと気色が悪い。まあ、うちのお菓子は他店と比べたら、色が淡いでしょうね。しかし、それも一概には言えなくて、お菓子によっては濃いめに色出しすることもあり、色目というのはある程度の幅のあることやと思います。

——お菓子の寸法に伊織さんなりの基準がありますか。

大きさの基準は決まっていませんが、「これぐらいがよいだろう」という感覚は持っていますね。具体的には、お茶席で使うお盆に合う大きさということです。この大きさというのが、結局うちで昔から作ってきた干菓子の大きさに帰るんですわ。

——伊織さんのお煎餅に押された焼印の加減、気負いがなくて自然体でいいです。

きちんと押そうという感覚はないですね。線が少々ぼやけていたり、切れていたりするのはかまへんと思います。でも、何を表わしているのかわからない形では困るし、そのへんの線引きが曖昧です。また、新しく作った焼印をうちはあんまり好みません。どうも線が尖って見えますね。さらの段階から使うて、ちょっと鉄が慣れてきたぐらいの方がいい焼印が押せるものです。

——干菓子にとって、木型は生命線。こちらはいい木型をお持ちですね。

大小さまざまに二百丁はあります。その中から丁度いい大きさのものが残って、うちとこのお菓子になっています。戦後はお菓子の注文も増えて、よく使う古い木型が割れてきたりすると、写しをこしらえることになります。新しい木型にはピンピンした感じがあって、今ひとつの仕上がりになります。新しくデザインから起こす時は、紋帳などを参考にすることもあれば、絵描きさんに依頼することもあります。私が一番最近につくった「燕」の押物は、絵描きの義父に原画を描いてもらいました。「燕」の木型が出来上がってみると、厚みがあり過ぎました。厚みのことまでは指定が難しいもんでして、微妙なことなんです

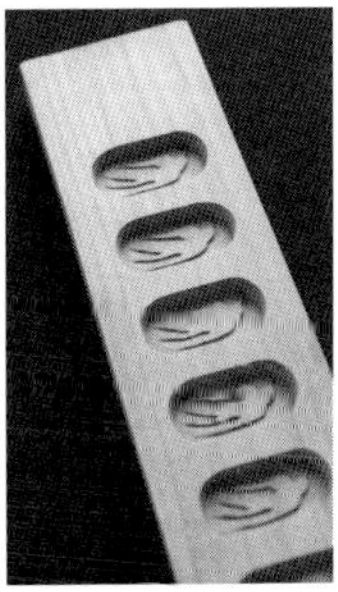

けれど、木型の上部を削ってもらい、少しだけ薄くしました。

——干菓子の意匠に「動き」をつけたいとか思いませんか。

それが難しいとこなんですよ。生砂糖《きざとう》の「波」なんかは母の意見では「波なんやから、動きがついた方がいいのやないか」と言う。あまり動き過ぎて怒濤《どとう》になっても具合が悪いやろうし、さざなみ程度の動きでいいのかな、と迷っています。私が作る波は、おとなしめの波やと思うのですけれど、父が「これでええ」と言いますので、今はこれでいいかと。また、お煎餅の「滝煎餅」などは、父の摺り蜜の入れ方には勢いがあり、私のは落ち着いています。どちらがいいのか、これからの課題のひとつになっています。

「新しい干菓子、伝統の干菓子」

——代々作り続けてきた伝統的なお菓子と、新たに作る創作的なお菓子があります。どちらの方向に重きを置いていますか。

うちは基本的に伝統を守っていく役割の菓子屋です。新作のお菓子は、それを得意とするお菓子屋さんにお任せした方がいいと思うてます。もちろんうちでも新しいお菓子を作っています。「こんなんどうです？」と新作をさせてもろて、一度お買い上げいただき、またご注文が来て、新しいもんも残っていくことになります。

——技術面で新しい手法を取り入れるおつもりはありますか。

そこまで貪欲になれたらねえ。十何年か前になりますが、東京の製菓学校に一週間ほど通って、フランス菓子の飴細工を習いました。バラの花などを作りましたが、はたして役に立っているのかどうだか…。白鳥なんかを作った時は、中に空気を入れたりしていました。「ここまでしたら、うちの干菓子には具合悪いやろな」みたいな（笑）。

——新作のお菓子として、少なくても「干支菓子」と宮中歌会始の「御題菓子」があります

よね。思い出話をひとつお聞かせください。

平成十一年の御題は「青」でした。そこで「おもと」の花をデザインして焼印をこしらえて、お煎餅に押しました。「おもと」を漢字で書けば「万年青」であるところからアイデアが浮かんだのです。会記に銘として「青」とあれば、このお菓子の意味合いが通じるだろうと思っていました。ところが反応が今ひとつやったんです。デザインがよくなかったのかなあ…。

――皆さん「万年青」をご存知なかったのではないですか。お菓子が表現している意味合いが、現代の人たちに通じなくなっているとお感じになりませんか。

だんだんと、やっぱり、昔の風俗がなくなってきていますからね。京都の行事も昔ほどに知られていない。「初午」だって、どれぐらいの人に認識されていることか。これからは祖父の作った代表的な干菓子の「初午」をご理解いただくのも難しくなるかもしれません。新しいお菓子にしても誰も知らないことを取り上げて作ったら、理解が得られないと思うんです。だからと言って、今、身のまわりに出回っているのは電化製品ばかりでしょう。そんなんお菓子になりませんし、新しいお菓子のテーマを求めるには、難しい時代になってきているな、といつも思うてます。

――昨今の異常気象もそうですが、日本の四季が壊れ始めることで、和菓子の表現も難しくなってきていると思われませんか。

そうやと思います。和菓子に季節感が重要なことは言うまでもなく、また、お菓子のテーマの多くが歳時記から取られています。この頃俳句の世界でも、死語に近くなった季語がたくさんあるところから、季語をどう扱うかということが議論されていて「実感として使うのではなくて、季語はあくまでも雅語として使ったらどうか」など色々と言われてもいます。こういった混迷は、お菓子の現状においても通じるところがあるのではないでしょうか。そんな世相の中で亀屋伊織としては、現代性を追うのではなくて、伝統性を活かす方向のお菓子を作り続けていきたいと思います。

インタビューを終えて

―井上由理子

今から十年前のこと。淡交社から刊行された『茶道学大系　四　懐石と菓子』に「亀屋伊織と干菓子―十七代山田伊織　聞書―」を執筆させていただいた。半年におよんだ取材は、亀屋伊織の店の間で行われた。山田伊織氏の話し声以外は、何も聞こえない静寂な空間。しかし、店の間と壁一つ隔てた作業場からは、干菓子を作る気配が伝わってきていた。作業場に座して、黙々とお菓子をつくっておられるのが、氏の息子さんであることはわかっていたが、ほとんど言葉を交わすこともなく取材を終えた。

このたび、山田和市さんその人と向かい合ってお話を伺い「あの時の気配のままの人だ」と思った。穏やかであたたかい。そして、お話の内容は誠実であった。

和市さんは「歴史とは、ほんまにありがたいことです」と語った。その歴史とは、茶人をはじめ優れた審美眼を持つ京都の人たちが育てた亀屋伊織の干菓子の変遷をさしている。工夫や淘汰などの変化をくぐって完成された干菓子が今日の亀屋伊織のお菓子である。歴史に感謝し、歴史を信頼するがゆえに、和市さんは〝相変わりませず〟のお菓子に徹する。歴史の結果をどのような物腰で受け止めるかが、個々のお人柄であるのなら、現在の亀屋伊織のお菓子は、ゆったりと落ち着いている。

和市さんはこうも語った。「お茶の本質が変わらない限り、うちは昔からのやり方で間違いがないのかなあ、と思うています」。その言葉には、あくまでも亀屋伊織の干菓子は茶の湯とともにあることを示し、同時に、すでに完成された〝お茶〟と〝お菓子〟の変質の可能性をも含んでいる。もちろんそれは〝お茶の本質は変わらない〟との信念に基づいての発言であるが、変化をも包容する姿勢だ。千二百年の歴史、千年の都で生き抜いてきた都人の強さと柔らかさ。山田和市さんは、まさに京都に生きる菓子職人である。

プロフィール
京都生まれ。文筆家。白拍子舞人。
著書に『京都の和菓子』『和菓子の意匠』『京の和菓子12か月』『近江の和菓子』『能にアクセス』など。

山田和市（やまだ かずいち）

1971年、京都生まれ。
亀屋伊織17代山田伊織氏の長男。
大学卒業後、茶道を学びながら、日々の茶席の干菓子調製にたずさわる。

亀屋伊織
所在地　京都市中京区二条通新町東入ル
電話　075-231-6473
定休日　日・祝日
◆要予約　地方発送不可

亀屋伊織の仕事
相変わりませずの菓子

平成23年2月25日　初版発行

著者　山田和市
発行者　納屋嘉人
発行所　株式会社 淡交社
本社　京都市北区堀川通鞍馬口上ル
　営業　075-432-5151
　編集　075-432-5161
支社　東京都新宿区市谷柳町39-1
　営業　03-5269-7941
　編集　03-5269-1691
http://www.tankosha.co.jp
印刷・製本　図書印刷株式会社

ISBN978-4-473-03697-1